缺雨量站地区的实时洪水预报方法研究

REAL-TIME FLOOD FORECASTING
IN SCARCE PRECIPITATION
GAUGED BASIN

窦延虹 等 ◎ 著

·南京·

图书在版编目(CIP)数据

缺雨量站地区的实时洪水预报方法研究 / 窦延虹等著. -- 南京：河海大学出版社，2025.3. -- ISBN 978-7-5630-9691-6

Ⅰ.P338

中国国家版本馆 CIP 数据核字第 2025K6P915 号

书　名	缺雨量站地区的实时洪水预报方法研究 QUE YULIANGZHAN DIQU DE SHISHI HONGSHUI YUBAO FANGFA YANJIU	
书　号	ISBN 978-7-5630-9691-6	
责任编辑	齐　岩	
文字编辑	王　菊	
特约校对	李国群	
装帧设计	江南雨韵	
出版发行	河海大学出版社	
网　址	http://www.hhup.com	
地　址	南京市西康路 1 号(邮编:210098)	
电　话	(025)83737852(总编室) (025)83722833(营销部)	
经　销	江苏省新华发行集团有限公司	
排　版	南京布克文化发展有限公司	
印　刷	广东虎彩云印刷有限公司	
开　本	718 毫米×1000 毫米　1/16	
印　张	10.75	
字　数	166 千字	
版　次	2025 年 3 月第 1 版	
印　次	2025 年 3 月第 1 次印刷	
定　价	68.00 元	

前 言

洪水灾害是我国最严重的自然灾害之一,水利部针对防洪减灾提出了智慧水利的"四预"(预报、预警、预演、预案)功能体系,对洪水预报的预见期和预报精度均提出较高要求。然而由于经济发展缓慢、地理位置偏远或地形地势复杂等客观因素,我国部分地区雨量站密度远低于世界气象组织建议值甚至未布设雨量站,严重阻碍了该类地区洪水预报工作的开展。随着卫星遥感等技术的发展,大量可覆盖全球的无/短滞时降水产品不断涌现,为缺降雨资料地区的洪水预报提供了新途径。但无/短滞时降水产品显著的误差将增强水文模型的输入不确定性,从而降低洪水预报精度。为解决上述问题,本书针对多源降雨数据在选取、改进和水文应用中面临的关键难题,从多源降水产品融合潜力的量化、多源降雨数据融合、多源降雨与水文模型的耦合三方面开展研究,以期提高缺降雨资料流域的洪水预报能力,为我国"空天地"一体化洪水预报预警提供技术支撑。主要内容和创新性成果如下:

(1) 针对现有的单产品精度评价指标无法量化多源降水产品间优劣互补性的难题,提出以降水产品组为评价对象的多源降水产品融合潜力量化方法。首先,为使被优选的多源降水产品更适用于多源降雨融合方法,通过挖掘融合方法消纳产品误差的特点，指出多源产品形成的动态区间的宽度和实测降雨覆盖度对产品间优劣互补的重要意义；然后，通过加权耦合区间宽度和覆盖度两个关键指标构建了多源降水产品融合潜力量化指标；最后，在深入分析权重对融合潜力量化的影响的基础上确定了两指标的耦合权重。研究结果表明，融合潜力最优的组合中产品来源多样且精度较高，最劣的组合中产品来源单一且精度较低；融合潜力指标与融合后降雨精度指标的相关性显著，相关系数最高可达 0.85；本方法优选的多源产品融合后降雨精度与理论最优精度相差不足 1%，与传统单产品精度评价指标相比，本方法可有效预判产品组合的优劣。因此，多源降水产品融合潜力量化方法可为降水产品组的描述、多源降水产品的选用提供定量指标。

（2）稀疏雨量站易缺测降雨场的空间分布信息，降水产品虽然能动态反映降雨场的空间相对关系，但定量误差显著。为此，本书提出了基于虚拟站点的多源降雨数据融合方法（以下简称"虚拟站法"），针对不同降雨场的空间特征动态调整降水产品的利用程度，其中虚拟站点为利用了降水产品定量估计的格点。首先，根据多源降水产品的降雨场空间特征，确定稀疏站点缺测的子区域最大最小雨量的位置作为虚拟站点位置，然后采用现有逐网格融合方法估计虚拟站点的雨量，最后结合虚拟站点和实际站点采用现有空间插值方法估计降雨场。研究结果表明，虚拟站法较其基础方法精度提高 7%~11%，较原始产品精度提高 32%~166%。对于不同降雨场，虚拟站法可根据雨量站网对该降雨场的观测能力自适应地调整虚拟站点的位置和数量，从而既能补充降雨空间信息又能减少产品误差干扰的引入。对于不同站点密度，虚拟站法均优于逐网格融合法和空间插值法。对于雨量站稀疏地区的洪水预报，虚拟站法估计面雨量具有更好的水文效用。因此，基于虚拟站点的多源降雨数据融合方法可为雨量站稀疏流域提供一种更为可靠的降雨估计。

（3）以多源降水产品直接预报洪水将导致水文模型的输入不确定性显著，本书构建了"出流分解-逆向校正-产品约束-正向预报"的多源降雨与水文模型的耦合方法（M-C）。首先，将流域出流分解为每时段产流引起的流量响应，再以实时观测流量逆向校正多源产品模拟的产流，同时，为防止单源产品显著的误差导致的校正波动，以多源降水产品形成的动态区间约束校正，最后用校正后的产流正向预报洪水。研究结果表明，本方法在7个无雨量站流域洪水预报纳什系数验证期为0.70~0.88，表明本方法洪水预报精度较高且适用于不同流域。相较于无校正，以观测流量实时校正产流大幅提高了洪水预报精度；相较于无区间约束，有区间约束能够削弱校正过程中的过拟合现象；相较于单源产品扰动形成的区间，多源产品形成的区间能够削弱产品不确定性对场次洪水预报精度的影响。因此，动态约束下的多源降雨与水文模型耦合方法可为缺降雨资料流域的洪水预报提供模型基础。

（4）为提高雨量站稀疏地区的洪水预报精度，M-C的驱动数据可选用融合潜力最高的多源降水产品，也可选用基于虚拟站法的融合后降雨。本书为探究三个创新方法的最优集成利用方式，通过调整驱动M-C的多源降雨数据设置了三种洪水预报方案，多方案对比表明，集成了三个创新方法的洪水预报方案的精度最优，融合潜力最优的多源产品形成的校正约束能够更准确地预报洪峰，基于虚拟站法的融合后降雨能够更准确地预报洪量。此外，本书选取的无/短滞时降水产品时效性不同，据此，在最优集成方案的基础上设置了三种具备不同时效性的洪水预报方案，多方案对比表明，滞后时间越长，可选产品越多、洪水预报精度越高，但各方案之间的差距不大，综合洪水预报的时效和精度，更推荐在雨量站稀疏地区采用滞后 4 小时的洪水预报方案，若对预报时效需求更高，无滞时的方案亦可用于雨量站稀疏地区洪水预报。

本书研究成果得到了国家重点研发计划 2023YFC3006700 的资助。本书分为理论方法篇和应用实践篇，其中理论方法篇由窦延虹、叶磊、刘荣华撰写，应用实践篇由窦延虹、谢敏、张召撰写。本书从降水产品的选用、降雨精度的提高以及降水产品与洪水预耦合三个方面分别研发多源降水产品融合潜力量化方法、基于虚拟站点的多源降雨数据融合方法以及动态约束下的多源降雨与水文模型耦合方法。具体内容如下：

本书的第一部分为理论方法篇。

第一章，系统论述本书的选题背景与研究意义，在大量文献查阅的基础上，围绕无/短滞时降水产品性能分析、多源降雨数据融合方法以及降水产品与水文模型的耦合方式三个方面论述研究现状与进展，明确当前无/短滞时降水产品驱动的缺资料地区洪水预报研究存在的问题和发展趋势，进而确定本书的主要内容和技术路线。

第二章，为在降水产品定量评价中兼顾多源产品的准确性和误差多样性，指出了多源产品形成的动态区间的宽度 RB 和实测降雨覆盖度 $PMOI$ 的重要意义，在此基础上提出了以降水产品组为评价对象的多源降水产品融合潜力量化方法。

第三章，为利用降水产品改进稀疏站点插值的降雨精度，针对不同降雨场的空间特征动态调整降水产品的利用程度，提出了基于虚拟站点的多源降雨数据融合方法。

第四章，为深入耦合多源降雨和洪水预报校正从而控制输入不确定性，提出了动态约束下的多源降雨与水文模型的耦合方法（M-C），以实时观测流量校正产流，同时以多源降水产品形成的动态区间约束校正的波动性。

本书的第二部分为应用实践篇。

第五章，首先，介绍一个缺降雨资料流域（区域 A）和一个用于评估和验证的雨量站密集地区（区域 B）的地理、水文资料概况，并预处理两个区域的实测资料；然后，介绍新安江模型结构、参数率定方法和洪水预报精度评价指标；最后，依据降水产品的信号源和估算原理分类介绍 9 种无/短滞时降水产品，并简要对比 9 种降水产品在区域 B 汛期的性能，为后续章节提供数据基础和建模准备。

第六章，基于以多源降水产品形成的动态区间为评价对象的融合潜力量化方法，量化基于 9 种降水产品的 502 个降水产品组的融合潜力；然后，变化融合潜力量化指标中的参数，分析参数对降水产品融合潜力的影响；最后，通过分析产品组的融合潜力与该组产品融合后的降雨精度之间的一致性，验证融合潜力量化指标的有效性。

第七章，利用区域 B 丰富的降雨观测资料，从降雨空间分布、降雨强度以及雨量站点密度多角度评价本书提出的基于虚拟站点的多源降雨数据融合方法相对于现有的逐网格融合方法和稀疏站点空间插值方法的优势，在雨量站稀疏的区域 A 应用本方法并验证水文效用。

第八章，为论证本书提出的 M-C 方法的优势，本方法分别与扰动单产品形成的区间约束校正、单产品驱动下的无约束校正和单产品驱动下的无校正预报三个方案在多个流域展开多方面对比，并分析不同降水产品组合对本方法洪水预报精度的影响。

第九章，通过调整驱动 M-C 的多源降雨数据设置三种洪水预报方案，探究三个创新方法的最优集成利用方式；在此基础上，分析无滞时、滞后 4 小时和滞后 12 小时方案的洪水预报效果，并推荐雨量站稀疏地区洪水预报方案。

第十章，归纳和总结全文的研究成果，展望下一阶段的研究方向。

Contents
目 录

第一部分　理论方法篇

1　绪论 /02

　　1.1　洪水预报与降雨观测 /02

　　1.2　无/短滞时降水产品性能分析研究进展 /05

　　　　1.2.1　无/短滞时的全球降水产品概况 /05

　　　　1.2.2　无/短滞时降水产品精度及适用性 /06

　　　　1.2.3　降水产品性能的评价方式 /08

　　1.3　多源降雨数据融合方法研究进展 /09

　　　　1.3.1　站点实测雨量与单源降水产品融合方法 /10

　　　　1.3.2　站点实测雨量与多源降水产品融合方法 /11

　　　　1.3.3　无雨量站地区的多源降水产品融合方法 /12

　　1.4　降水产品与水文模型的耦合研究进展 /13

　　1.5　存在问题及发展趋势 /15

2　多源降水产品融合潜力的量化方法 /18

　　2.1　产品融合方法相同点概括 /19

　　2.2　产品融合潜力量化方法 /20

　　2.3　本章小结 /22

3 基于虚拟站点的多源降雨数据融合方法 /23
    3.1 方法概述 /24
    3.2 研究区域划分 /25
    3.3 虚拟站点位置确定 /26
    3.4 虚拟站点雨量估计 /28
    3.5 基于实际站点和虚拟站点的降雨空间插值 /29
    3.6 本章小结 /29

4 动态约束下的多源降雨与水文模型的耦合方法 /31
    4.1 方法概述 /32
    4.2 水文模型概化与流域出流分解 /32
    4.3 多源降雨约束下的产流实时校正(M-C) /35
    4.4 参数率定及验证 /39
    4.5 本章小结 /40

第二部分 应用实践篇

5 研究区域及多源降水产品 /42
    5.1 研究区域及资料整编 /43
        5.1.1 区域 A(雨量站稀疏地区) /43
        5.1.2 区域 B(雨量站密集地区) /50
    5.2 新安江模型概述 /52
        5.2.1 模型结构与参数 /52
        5.2.2 参数率定算法与目标 /54
    5.3 多源降水产品概述及对比 /56
        5.3.1 多传感器联合遥感降水产品 /58
        5.3.2 可见光/红外遥感降水产品 /60
        5.3.3 气象模式模拟降水产品 /60
        5.3.4 多源降水产品性能对比 /61

5.4 本章小结 /64

6 多源降水产品融合潜力的量化方法研究 /66
 6.1 多源降水产品融合潜力量化结果 /67
 6.2 不同目标侧重下的产品组合的融合潜力分析 /70
 6.3 不同融合方法下的产品融合潜力有效性分析 /75
  6.3.1 验证融合潜力有效性的多种融合方法 /75
  6.3.2 融合潜力有效性分析 /77
 6.4 本章小结 /80

7 基于虚拟站点的多源降雨数据融合方法研究 /82
 7.1 试验设置与评价指标 /82
 7.2 总体降雨估计精度 /84
 7.3 不同降雨场下的降雨估计精度 /86
 7.4 不同站点密度下的降雨估计精度 /90
 7.5 应用实例及水文效用 /92
 7.6 本章小结 /99

8 动态约束下的多源降雨与水文模型的耦合方法研究 /100
 8.1 对照试验方案设置 /100
 8.2 不同对照方案的洪水预报结果对比 /103
 8.3 多流域洪水预报结果分析 /112
 8.4 降水产品输入对洪水预报精度的影响 /114
 8.5 本章小结 /118

9 雨量站稀疏地区洪水预报方案研究 /120
 9.1 融合潜力、虚拟站法与M-C的集成方案 /121
  9.1.1 预报方案设置 /121
  9.1.2 预报结果分析 /123

9.2 不同时效的洪水预报方案 /127
    9.2.1 预报方案设置 /127
    9.2.2 预报结果分析 /129
9.3 本章小结 /131

10 结论与展望 /133

参考文献 /136

图目录

图 3.1　虚拟站点的作用示意图/24

图 3.2　基于虚拟站点的多源降雨数据融合方法的流程图/25

图 4.1　水文模型概化与流域出流分解示意图/34

图 4.2　多源产品形成的区间作为校正约束示意图/36

图 4.3　有约束的产流实时校正和预报实例，以 $\delta=1, j=3$ 为例/37

图 4.4　预报流量校正更新示意图/38

图 4.5　模型参数率定流程图/39

图 5.1　区域 A 地形及水文气象站点分布示意图/44

图 5.2　区域 A 日雨量数据预处理/46

图 5.3　泰森多边形划分雨量站控制区域/46

图 5.4　区域 A 洪水的降雨-径流过程（率定期）/48

图 5.5　区域 A 洪水的降雨-径流过程（验证期）/49

图 5.6　区域 B 地形及雨量站点分布示意图/50

图 5.7　区域 B 内 0.1°网格汛期降雨缺测率/51

图 5.8　区域 B 实测降雨场举例/52

图 5.9　新安江模型结构示意图/53

图 5.10　粒子群优化算法流程图/54

图 5.11　区域 B 多源降水产品空间分布举例（2019-07-29）/61

图 5.12　区域 B 多源降水产品空间分布举例（2020-08-31）/62

图 5.13　汛期 9 种无/短滞时降水产品泰勒图/64

图 6.1　区域 B 用于量化融合潜力和训练融合模型的稀疏雨量站分布/66

图 6.2　各产品组合的融合潜力/68

图 6.3　产品区间对实测降雨的覆盖程度 $PMOI$ 和区间的宽度 RB/70

图 6.4　权重对产品组合融合潜力优劣排序的影响/72

图 6.5　权重对最优产品组合的融合潜力的影响/73

图 6.6　产品组合融合潜力 MU 与融合后降雨精度 $RMSE$ 的关系/78

图 6.7　权重对融合潜力量化指标有效性的影响/78

图 6.8　融合算法的精度 $RMSE$ 与 MU 最优权重的关系/80

图 7.1　各方法和产品降雨场估计的总体精度/84

图 7.2　区域 B 内格点作为虚拟站点的频次/85

图 7.3　不同降雨空间分布下各方法估计的降雨场精度/86

图 7.4　不同降雨强度下各方法估计的降雨场及虚拟站点位置/89

图 7.5　不同站点密度的雨量站点分布方案/90

图 7.6　不同站点密度下各方法之间的精度差异/92

图 7.7　区域 A 内格点作为虚拟站点的频次/93

图 7.8　两种方式估计的降雨场(任选 3 日为例)/94

图 7.9　区域 A 不同降雨驱动的场次洪水预报精度/96

图 7.10　第 11 场洪水两方案的降雨输入和洪水预报效果/97

图 7.11　第 12 场洪水两方案的降雨输入和洪水预报效果/98

图 8.1　无约束的产流实时校正和预报实例,以 $\delta=1, j=3$ 为例/102

图 8.2　M-C 和 OL 的洪水预报过程(率定)/108

图 8.3　M-C 和 OL 的洪水预报效果(验证)/109

图 8.4　M-C 和 S-U 场次洪水预报过程举例/110

图 8.5　M-C 和 S-C 场次洪水预报过程举例/111

图 8.6　M-C 与对照试验方案在 7 个验证流域的洪水预报精度对比/114

图 8.7　不同产品组合驱动 M-C 的洪水预报精度/116

图 8.8　洪水预报精度 $RMD \geqslant 0.85$ 的产品组合的特点/117

图 8.9　不同产品组合驱动下的 M-C 精度与融合潜力的关系/117

图 9.1　不同集成方式下(方案一和方案二)的场次洪水预报精度对比/125

图 9.2　不同集成方式下(方案一和方案三)的场次洪水预报精度对比/126

图 9.3　不同时效洪水预报方案的场次洪水预报精度/131

表目录

表 5.1　区域 A 附近 22 个雨量站的基本信息/45

表 5.2　区域 A 的 18 场洪水特征/47

表 5.3　新安江模型参数/53

表 5.4　产品研发机构和降水产品名称/56

表 5.5　无/短滞时降水产品的分类概要/57

表 5.6　无/短滞时降水产品的基本信息/58

表 5.7　GSMaP-N、GSMaP-GN、IMERG-E 和 IMERG-L 反演算法对比/59

表 6.1　组合中包含的产品数量与相应的组合数量/67

表 6.2　产品数量一定时融合潜力最优和最劣的产品组/68

表 6.3　不同权重下融合潜力最优组合的产品组成/71

表 7.1　不同站点密度下各方法的总体精度/91

表 7.2　区域 A 不同降雨驱动的洪水预报精度/95

表 8.1　M-C 与对照试验方案的洪水预报精度指标/104

表 8.2　M-C 与对照试验方案的水文模型参数/104

表 8.3　M-C 和 OL 的洪水预报精度对比/105

表 8.4　M-C 和 OL 的场次洪水预报精度对比/106

表 8.5　M-C 和 S-U 的洪水预报精度对比/110

表 8.6　M-C 和 S-C 的洪水预报精度对比/111

表 8.7　M-C 在 7 个验证流域的洪水预报精度指标/113

表 8.8　组合中包含的产品数量与相应的组合数量/115

表 9.1　雨量站稀疏地区洪水预报方案设置/121

表 9.2　不同集成方式下的洪水预报精度/123

表 9.3　不同时效洪水预报方案可选产品汇总/127

表 9.4　不同时效洪水预报方案的整体洪水预报精度/129

主要符号表

符 号	代表意义	单 位
CC	皮尔逊相关系数	—
$RMSE$	均方根误差	mm
$P_{i,k}^{ob}$	时段 i、格点 k 的实测降雨雨量	mm
$P_{i,k}^{s}$	产品 s 在时段 i、格点 k 的降雨量估计	mm
i	降雨时段序号	—
n	降雨时间序列长度	—
k	空间格点序号	—
b	空间格点总数	—
s	降水产品序号	—
PC	多源降水产品组合	—
$Y_{i,k}$	PC 在时段 i、格点 k 的区间	mm
$PMOI$	降雨实测值超出区间的比例	—
RB	区间平均宽度	—
ω	$PMOI$ 的权重	—
h	可供选择的降水产品总数	—
γ	多源降水产品组合序号	—
H	多源降水产品组合总数	—
$PMOI_\gamma$	产品组合 γ 的 $PMOI$	—
RB_γ	产品组合 γ 的 RB	—
MU_γ	产品组合 γ 的融合潜力	—
$PMOI_\gamma'$	归一化的 $PMOI_\gamma$	—
RB_γ'	归一化的 RB_γ	—

续表

符 号	代表意义	单 位
$\hat{P}_{i,k}$	时段 i、格点 k 的降雨估计	mm
X	决策树的数量	—
x	一次随机且有放回的采样	—
$tree_x$	一颗单独的决策树	—
$PC_{i,k}$	时段 i、格点 k 的多源降雨估计集合	—
v_s	加权融合时，产品 s 的权重	—
$\boldsymbol{NR}$	流域产流量的时间序列	mm
NR_i	某一时段 i 的产流量	mm
$\boldsymbol{P}$	流域面平均雨量时间序列	mm
$\boldsymbol{E}$	流域面平均蒸发量时间序列	mm
$\boldsymbol{Q}$	流域出口流量的时间序列	m³/s
m	流量时间序列长度	—
j	流量时段序号	—
$\boldsymbol{\theta}$	水文模型的参数向量	—
$\boldsymbol{q}_{\cdot,i}$	汇流模型对 NR_i 的响应	m³/s
δ	流域汇流的演进时间	—
$\overline{\boldsymbol{L}}$	上边界约束矩阵	m³/s
$\underline{\boldsymbol{L}}$	下边界约束矩阵	m³/s
$\boldsymbol{q}^c_{\cdot,i}$	为校正后的 $\boldsymbol{q}_{\cdot,i}$	m³/s
α_i	缩放系数	—
$\boldsymbol{Q}^c$	校正后的流量时间序列	m³/s
$\boldsymbol{Q}^{ob}$	观测流量时间序列	m³/s
$\boldsymbol{\varepsilon}$	模型误差	m³/s
$\boldsymbol{Q}^f$	预报流量时间序列	m³/s

续表

符 号	代表意义	单 位
NSE	纳什系数	—
RFP	洪峰相对误差	%
EPT	峰现时间误差	%
RFW	洪量相对误差	%
Q_{peak}^{f}	场次洪水的预报洪峰流量	m³/s
Q_{peak}^{ob}	场次洪水的观测洪峰流量	m³/s
t_{peak}^{f}	场次洪水的预报洪峰出现时间	天
t_{peak}^{ob}	场次洪水的观测洪峰出现时间	天
W^{f}	场次洪水的预报洪水总量	m³
W^{ob}	场次洪水的观测洪水总量	m³
RMD	洪水预报的综合精度	—
τ	扰动幅度	—
$P_{i,G1}^{ob}$	时段 i、G_1 所在格点的实测雨量	mm
G	雨量站点集合	—
d_c	雨量站点的可控距离	—
g_K	控制同一子区域的雨量站集合	—
$N_{i,\cdot}^{s}$	产品 s 在时段 i 归一化的降雨场	—
$P_{i,\cdot}^{s}$	产品 s 在时段 i 的降雨场	mm
$N_{i,K}^{s}$	某子区域范围内的 $N_{i,\cdot}^{s}$	—
$N_{i,gK}^{s}$	该子区域的控制站点位置上的 $N_{i,\cdot}^{s}$	—
K	某子区域范围内的格点	—
$a_{\max}$	一个增强不等式显著性的参数	—
$a_{\min}$	一个增强不等式显著性的参数	—
$M(\cdot)$	一个因变量与自变量的转化模型	—

续表

符 号	代表意义	单 位
$Co_{i,G}$	与雨量站 G 相关的协变量集合	—
V	虚拟站点	—
$\hat{P}_{i,V}$	时段 i、虚拟站 V 处的估计雨量	mm
$P_{i,V}^s$	产品 s 在时段 i、虚拟站 V 处的雨量	mm
$Co_{i,V}$	与虚拟站 V 相关的协变量集合	—

第一部分　理论方法篇

1 绪论

1.1 洪水预报与降雨观测

千百年来,人类临水而居,享受着水资源为生产生活带来的便利,也承受着洪涝灾害的侵扰[1]。在季风性气候和阶梯状地理条件的双重影响下,我国降水的时空分布严重不均,使得洪水灾害成为我国最严重的自然灾害之一[2]。根据中华人民共和国水利部公布的《2021 年中国水旱灾害防御公报》[3],1950年至 2021 年我国因洪涝受灾面积 6.8 亿公顷,死亡人口 28.4 万人,倒塌房屋1.2 亿间;1990 年至 2021 年洪水灾害造成直接经济损失 50 813.03 亿元,年均1 587.91 亿元,占自然灾害总经济损失的 48% 以上[4]。我国幅员辽阔、河流众多,随着人口密度增加、人类活动频繁以及城市化进程加快,我国洪水灾害呈现"淹不起、涝不得"的严峻局势[5,6]。针对自然灾害问题,习近平总书记在 2018 年 10 月 10 日中央财经委员会第三次会议上指出,自然灾害防控要坚持"以防为主,防抗救相结合"。

为防御洪水灾害、减轻灾害影响,水利部门采取的措施可分为以水利工程修建为主的工程措施和以洪水管理为主的非工程措施[7]。目前,在我国各流域水工程体系基本成型的大背景下[8],切实有效的非工程防洪手段对于防洪减灾至关重要。为响应"十四五"规划纲要中"构建智慧水利体系"的要求,水利部进一步细化了智慧水利体系的功能,即"四预":水情要素预报、水害形势预警、工程调度预演以及推荐减灾预案。其中,洪水预报作为"四预"之首,是预警、预演、预案的重要基石[9]。洪水预报不仅可以为防灾避险提供宝贵的时间,还可以指导水利工程通过拦、挡、蓄、泄等措施联合调度[10],因此,预见期和预报精度是洪水预报的关键。

降雨是洪水预报的关键驱动项,可直接影响洪水预报的精度和预见期[11]。降雨估测方式主要包括地面雨量计、地基雷达、卫星遥感和数值模式。雨量计通过直接观测水量或水柱测量降雨,在多种降雨估测方式中最为准确[12],因此应用最为广泛。但受地势变化和降雨分布的空间异质性影响,单一地面雨量站的观测值仅能代表附近几十至几百平方公里内的降雨量,因此,为充分掌握降雨信息,最优的站点布设密度是每 50~100 km² 布设一个地面雨量站[13],世界气象组织(WMO)建议的布设密度是山区 250 km²/站、平原 900 km²/站[14]。截至 2018 年,全国水文部门共布设雨量站 5 万余处,达到中等发达国家水平[15],然而,地面雨量站大部分位于我国东南地区,对于部分经济发展缓慢、地理位置偏远、地形地势复杂的地区,如东北大兴安岭地区和西部高原地区,由于投资不足、布设困难、维护不便等客观因素,该类地区地面雨量站密度远低于 WMO 建议值,甚至部分流域未布设雨量站,严重阻碍了该类地区洪水预报工作的开展[16]。因此,缺雨量站地区是当前我国防洪的薄弱点。

近年来,伴随着地球物理学科理论、卫星遥感技术、计算机技术和数据集成技术的蓬勃发展,涌现了大量可覆盖全球的定量降水估计方法[17,18]。在数值模式方面,自 1950 年 Charney 等[19]借助世界上第一台电子计算机成功预报了 24 h 内的天气以来,伴随着物理理论和计算方法的不断发展,世界各国不断完善各自的数值模式,2005 年 WMO 启动了全球范围内的数值模式交互式大集合系统 TIGGE(THORPEX Interactive Grand Global Ensemble),集成了来自全球 12 个国家或地区的 28 种气象要素预报信息,显著地提高了基于数值模式的降水产品的精度[20,21]。在卫星遥感方面,1997 年 11 月 27 日热带降水观测计划 TRMM(Tropical Rainfall Measuring Mission)卫星的发射标志着卫星遥感反演降水进入了高速发展时期[22];由美国国家航空航天局(NASA)和日本宇宙航空研究开发机构(JAXA)合作研发的全球降水观测 GPM(Global Precipitation Measurement)卫星于 2014 年 2 月 28 日发射升空[23],不仅能接替老化的 TRMM,还搭载了更多数量、更加先进的传感器,不仅将降雨观测的范围由 50°S~50°N 扩展至 60°S~60°N,还显著提高了卫星遥感降水产品的精度[24];由我国自主研发的气象卫星风云三号 G 星(FY -

3G)于2023年4月16日发射升空,意味着中国的卫星遥感降水技术已追上国际先进水平;在地基雷达测雨方面,1998年特大洪水后,中国开始加大对气象雷达系统的投入,开发和部署了首批CINRAD多普勒雷达。到2010年,全国已布设超过200部CINRAD雷达,覆盖了中国大部分地区。CINRAD系统引入了更先进的雷达技术,如双偏振雷达,提高了降水类型识别和定量降水估计的能力。此外,CINRAD系统还与卫星遥感和数值天气预报系统相结合,进一步提升了气象监测和预报的精度和可靠性。可覆盖全球的降水估计被打包为降水产品发布于各大航空航天和气象网站,包括基于数值模式的预报产品、再分析产品以及基于卫星遥感反演的近实时产品、后处理产品。截至2022年底,全球降水产品种类已达百余种,历史降雨序列已达10年~20年,能够满足水文模型率定的资料需求,为无雨量站或雨量站稀疏地区的洪水预报提供了新途径。

降水产品按获取时间可分为:可在降水落地前获取的预报产品、滞时小于1小时的实时产品、滞时小于12小时的近实时产品、滞时为3天~6个月的标准产品、后处理产品和再分析产品。受洪水预报时效性的限制,仅有时效性较好的降水产品可用于缺降雨资料地区的洪水预报。然而,地基雷达、卫星遥感和数值模式仅能间接估计降水量,降水估计模型的结构、参数和状态均存在不确定性,因此降水产品误差难以避免[25,26]。预报、实时和近实时降水产品由于未经实测降水校准或降水反演算法步骤经简化,其误差较后处理产品和再分析产品更为显著[27-29]。若利用无/短滞时降水产品驱动水文模型开展洪水预报,显著的降雨误差将增强水文模型的输入不确定性,影响水文模型模拟水量平衡,使预报结果不具备应用价值。因此,无/短滞时降水产品的选取、降雨估计的改进、降水产品与水文模型的耦合,是解决缺降雨资料地区洪水预报问题的核心,也是推进我国"空天地"一体化防灾减灾监测体系建设的关键。

本书主要研究多源无/短滞时降水产品驱动的洪水预报方法,包括无/短滞时降水产品的选用、改进以及水文应用。降水产品的性能分析是判断降水产品能否应用的前提;融合多源数据是改进降雨估计的关键;削弱降水产品误差所导致的洪水预报不确定性是降水产品与水文模型耦合的重点和难点。

因此，本章从无/短滞时降水产品性能分析、多源降雨数据融合方法以及降水产品与水文模型的耦合方式三个方面论述研究现状与进展。

1.2　无/短滞时降水产品性能分析研究进展

二十世纪以来，数值预报技术和遥感反演技术迎来了飞速发展，随之涌现了百余种具有较高时空分辨率和时效性的全球降水产品。不同降水产品的降水估计模型的驱动要素、模型原理和运行方案存在明显差异，导致降水产品的性能各异，因此，大量研究开展了降水产品性能分析，也促使产品性能分析方法逐步形成体系。因此，本节从无/短滞时降水产品概况、精度及适用性概况、性能分析方法三个方面开展综述。

1.2.1　无/短滞时的全球降水产品概况

无/短滞时的降水产品包括基于数值模式的全球降水预报产品和卫星遥感反演降水产品的实时/近实时版本。降水预报产品虽然一般用于延长洪水预报预见期，但其精度与近实时遥感降水产品的精度相近[30]，因此，可将短临预报降水产品视为一种无滞时的降雨估计，与近实时遥感降水产品合作用于缺资料地区的洪水预报。

基于数值模式的全球降水预报产品是在给定大气和陆地的初值和边界条件下，利用数值计算方法求解大气动力学方程，从而预测大气的动态演变过程并估计预见期内的全球降水量。由于大气的混沌性，初始场和数值模式的微小误差会在很大程度上影响预报结果[31]，全球各国气象中心采用不同的初值和数值模式相继生成了各自的全球降水预报产品。目前，集成在 TIGGE 的主流降水预报产品已达 12 种，分别由澳大利亚 BoM、中国 CMA、巴西 CPTEC、加拿大 ECCC、欧洲 ECMWF、印度 IMD 和 NCMRWF、日本 JMA、韩国 KMA、法国 MF、美国 NCEP、英国 UKMO 提供。

卫星遥感降水依赖的主要传感器包括搭载在地球同步卫星上的可见光/

红外传感器和搭载在近地轨道卫星上的主动和被动微波传感器[32]。单一卫星的传感器难以及时扫描全球大气状态,因此,反演全球降水需借助由多个气象卫星组成的星座遥感信号。受遥感信号集成时长、反演算法运行时长和用于校准降雨的地面站点资料收集时长的限制,卫星遥感降水产品标准版本的发布时间一般为降水发生后的 3 天至 6 个月不等。为响应各类气象水文灾害及其次生灾害的预报和预警工作需求,部分卫星遥感降水产品研发机构通过简化遥感信号输入、简化反演运行算法或不经地面站点校准等方式,于降雨发生后 0.5 小时至 12 小时发布相应降水产品的实时/近实时版本。在现有卫星遥感降水产品中,持续发布降水产品实时/近实时版本的有日本宇宙航空研究开发机构 GSMaP[33] 产品的 GSMaP-Now、GSMaP-V6-NRT 和 GSMaP-V6-Gauge-NRT,美国国家航空航天局 IMERG[34] 产品的 IMERG-V6-Early 和 IMERG-V6-Late,加州大学欧文分校 PERSIANN 产品的 PERSIANN-CCS[35] 和 PDIR-Now[36],美国气候预测中心 CMORPH[37] 产品的 CMORPH-RAW 和 CMORPH-RT,中国国家卫星气象中心 FY－4A 产品的 FY－4A QPE。

1.2.2 无/短滞时降水产品精度及适用性

各降水产品的性能存在较大差异,且降水产品的性能与地区、气候、季节、降雨类型和降雨强度等因素密切相关[38],因此详尽地分析各降水产品的性能是合理筛选、改进和应用降水产品的前提。2005 年,WMO 国际降水工作组发起了高分辨率降水产品评价计划 PEHRPP(Program to Evaluate High Resolution Precipitation Products)[39],其中,高分辨率产品就包括模式预报降水产品和卫星遥感降水产品。自此,各国学者在全球多地区开展了大量研究工作来评估、验证、比较和分析多种降水产品的精度和性质。

在模式预报降水产品方面,张颖[40]分析并对比了不同降雨量级条件下 BoM、CMA、ECCC、ECMWF、NCEP、UKMO 发布的具有 1 日预见期的降雨预报产品在我国汉江支流金钱河流域的表现,结果表明,NCEP 对小雨和大雨的预报效果较好,对中雨的预报效果较差;UKMO 对中雨的预报效果较好,对其他量级降雨的预报效果一般;CMA 对大雨的预报效果较好。何超禄等[41]从定性和定量的多个角度评估并比较了 ECMWF、JMA、KMA 和 UK-

MO 在我国干旱半干旱地区的适用性,结果表明,ECMWF 的总体精度较高且表现稳定,JMA 对小雨的预报效果较好,而 KMA 的表现较差。舒章康等[42]在比较 ECMWF、JMA、KMA 和 NCEP 在福建地区的表现时得到了相似的结论,还指出当实际降雨低于 25 mm 时 JMA 更适用,当超过 25 mm 时 ECMWF 更适用。针对暴雨洪水事件,Sagar 等[43]在印度的研究表明,降水预报产品可以有效预测暴雨事件,但在空间分布和降雨强度上存在明显偏差。Pappenberger 等[44]利用 TIGGE 中的降水预报产品驱动欧洲洪水预警系统(EFAS),结果表明降水预报产品可以指导洪水预报和防洪减灾,且越临近暴雨发生则预报效果越好、防洪减灾效果越强。从上述研究的结果中不难看出,不同来源的数值预报降水产品在不同条件下的适用性不同,最常见的划分条件是降雨量级。因此,多源产品具有互补应用的潜力,例如汉江地区的 NCEP 和 UKMO、福建地区的 JMA 和 ECMWF。

在实时/近实时卫星遥感降水产品方面,主要通过对比实时/近实时版本产品与该产品的其他版本的性能,分析近实时卫星产品在不同条件下的优势和劣势。针对 PERSIANN 的近实时版本,Hsu 等[45]在 PERSIANN-CCS 及 PERSIANN 产品的其他版本的对比中发现,即使实时版本的精度不如标准版本和后处理版本,但 PERSIANN-CCS 能够探测极端降水,这得益于实时版本采用了云分类法;Qiu 等[46]在我国浙江省开展了 PERSIANN-CCS 与另外四种标准产品的精度对比研究,结果表明,在日尺度上 PERSIANN-CCS 仅略优于 FY-4A QPE。Gao 等[47]把研究区域扩展到我国南方地区,不仅得到了与 Qiu 等[46]的研究相似的结论,还发现在小时尺度上 PERSIANN-CCS 优于再分析产品 ERA5-Land。针对 GSMaP 的近实时版本,Shi 等[48]从统计指标和水文效用两个方面讨论了 GSMaP 的 5 个版本在黄河源区的性能,结果表明,经地面实测雨量校正 GSMaP-Gauge 的综合性能最好,近实时版本 GSMaP-NRT-Gauge 的表现虽然略差但也具备基本的水文效用;Lu 和 Yong[49]评估并对比了 GSMaP 的两个近实时版本产品,发现 GSMaP-NRT-Gauge 与 GSMaP-Gauge 有较好的一致性,且 GSMaP-NRT-Gauge 改进了 GSMaP-NRT 高估降雨的缺点,但在缺测降雨方面未见改进。针对 IMERG 的近实时版本,Sungmin 等[50]在奥地利东南部地区采用高密度的地面雨量资料对比了

IMERG-Early、IMERG-Late 和 IMERG-Final 的精度，并由此量化了遥感信号简化和反演算法简化对降雨精度的影响；Jiang 等[51]在我国大陆 300 个流域分析 IMERG 各版本产品的水文效用，发现后处理版本和近实时版本均能较好地模拟流量，其中湿润地区的表现优于干旱地区、低海拔地区的表现优于高海拔地区。可见，卫星遥感降水产品的近实时版本虽然精度略低于标准版本，但仍能反映降水的动态变化趋势且具有水文应用潜力。

在多源无/短滞时降水产品对比方面，Chen 等[52]在全球范围内分析了 6 种未经校正的卫星降水产品的性能，其中 5 种为近实时降水产品，研究发现，在湿润地区，漏报降水是产品误差的主要来源，而在半湿润地区，空报降水是产品误差的主要来源，6 种产品的均方根误差均超过相应降雨强度的 30%。针对强降水事件监测，Liu 等[53]检验了 10 种近实时卫星降水产品对 2021 年 7 月河南郑州极端暴雨的监测能力，研究表明虽然所有产品均低估了暴雨中心降雨量，但均能捕捉降雨的空间分布，其中 CMORPH 的近实时版本对该次暴雨的时空动态过程监测最好，IMERG-Late 优于 IMERG-Early、GSMaP-NRT 优于 GSMaP-Now、表现最差的是 PERSIANN-CCS 和 FY 系列产品；Aminyavari 等[54]从降雨空间分布、降雨定量统计和降雨定性分级等方面综合评价了 ECMWF、NCEP、UKMO 和 IMERG-Early 对伊朗某场极端暴雨的检测能力，结果表明多源降水产品在不同方面各有优势；Zhang 等[55]针对美国 81 次引发洪水的强降雨事件对比了 NCEP 和 IMERG 的两个近实时版本的性能，研究表明 NCEP 在估计降雨量级方面具有优势，而 IMERG-Early 和 IMERG-Late 在观测降雨空间分布方面具有优势。明晰降水产品在不同条件下的优势对多源降水产品融合应用有重要的指导意义。

1.2.3 降水产品性能的评价方式

随着大量降水产品性能分析研究的开展，产品性能的评价指标、评价方法和分析角度逐步形成体系。降水产品精度评价指标分为两类，一类是针对降雨定量估计的连续性指标，另一类是针对降雨定性估计的分类指标[56]。连续性指标包括皮尔逊相关系数 *CC*（Correlation Coefficient）、均方根误差 *RMSE*（Root Mean Square Error）、相对误差 *RE*（Relative Error）、平均误差

ME（Mean Error）以及相对较为综合的克林-古普塔效率系数 KGE（Kling-Gupta Efficiency）；分类指标包括命中率 POD（Probability of Detection）、成功率（Success Ratio）、误测率 FAR（False Alarm Ratio）以及相对较为综合的临界成功指数 CSI（Critical Success Index）。为尽可能地全面认识降水产品，通常会同时采用多个指标开展评价产品的研究。为更为直观地对比不同降水产品的综合性能，常用方式有两种，其一是基于欧几里得距离将多个评价指标融合为一个指标[57]，融合后指标距优距离越小则产品质量越好；其二是采用图形辅助，例如泰勒图[58]和性能图[59]，泰勒图能在二维平面同时展示均方根误差和相关系数等反映降水产品定量估值性能的指标，性能图能在二维平面同时展示临界成功指数和命中率等反映降水产品定性分级性能的指标，Tang 等[60]采用了泰勒图和性能图相互配合的方式，对比分析了 11 种不同类型的降水产品在不同地区和不同季节的定量估值和定性分级性能。

上述评价指标均需在有实测值的位置并以实测值为基准开展计算，因此，难以分析降水产品在无雨量站地区的质量和性能，也难以分析降水产品在雨量站稀疏地区监测面雨量和降雨空间分布的性能。解决该问题的常用思路有两种，其一是三重搭配法（TC 法）[61]及其改进方法[62,63]，该类方法可基于三种相互独立的降水产品两两之间的协方差估算各产品的均方根误差和相关系数，Roebeling 等[64]首次将三重搭配法用于评价和分析降水产品的性能；其二是水文评价方法[65]，即把降水产品驱动下的水文模型模拟结果与观测流量对比，采用流量过程纳什系数和洪峰误差等指标间接反映降水产品的时空动态精度，该方法也可以用于在降雨资料丰富地区评价降水产品的水文效用。

1.3 多源降雨数据融合方法研究进展

站点实测雨量在雨量站附近，精度较高但难以覆盖所有区域，降水产品的降雨估计能覆盖全球但精度较低，仅能反映降雨趋势，并且多源降水产品的优势与劣势在不同条件下各异，因此，多源降雨数据融合是降雨估计精度改进的研究热点。本节从站点实测雨量与单源降水产品融合、站点实测雨量与多源降水产品融合以及无雨量站地区的多源降水产品融合三个方面综述多源降雨数据融合方法研究。

1.3.1 站点实测雨量与单源降水产品融合方法

站点实测雨量与单源降水产品融合的常见思路是以实测雨量为基准校正该降水产品(以下称为"偏差校正方法")。20世纪90年代随着TRMM热带降雨监测卫星的发射,全球降水气候学计划首次尝试融合卫星遥感降水产品和站点实测雨量[66],并生成了一种空间分辨率为0.25°的全球月降雨量数据集。自此,利用站点实测雨量校正降水产品偏差的研究工作迎来了蓬勃发展。降水产品校正方法的具体步骤可概括为:在有雨量站的格点,以站点实测雨量为基准明晰降水产品误差的规律,基于降水误差规律估计未设雨量站格点处的降水产品误差,从而校正降水产品估计的降雨场。因此,降水产品校正方法可根据侧重点分为两类。

第一类侧重降水产品误差规律的量化方法,即在雨量站格点处利用长系列雨量资料率定或训练产品校正模型,再将该校正模型直接应用于未设雨量站格点处。代表性方法包括(非)线性回归分析法[67,68]、分位数映射法[69,70]、地理差异分析法[71-73]以及机器学习法[74,75]等。例如,Lu等[76]利用天山地区一千余个雨量站的实测雨量,基于逐步回归法和地理加权法以各种地形因子和植被指标作为相关变量建立了实测雨量和IMERG产品之间的转化关系,并将该转化关系应用至该区域未设雨量站的格点,结果表明,两种校正方法均显著改善了IMERG的降雨估计,且地理加权法优于传统的逐步回归法;Tang等[77]基于长短时记忆网络利用下游雨量站的实测资料校正了IMERG产品在流域上游的降雨估计,显著提高了山区小流域洪水预报的精度。

第二类侧重降水产品误差的空间扩展方法,即依据某一时段雨量站格点处的产品误差估计该时段降水产品的误差场,再校正该时段降水产品的雨量。代表性方法包括客观分析法[78]、最优插值法[79,80]、双核平滑法[81]以及克里金插值法[82]等。例如Yan等[82]在汉江流域基于雨量站格点处的产品误差采用克里金插值法估计了IMERG的空间误差场,并将误差场叠加至

IMERG，显著提高了该流域日降雨量精度；Baez-Villanueva 等[83]在研究中以列表对比的形式罗列了此类方法的简要步骤和在相应地区的应用效果。

1.3.2 站点实测雨量与多源降水产品融合方法

不同来源的降水产品之间存在优势整合的巨大潜力[84,85]。20 世纪 90 年代，Xie 和 Arkin[86]首次尝试站点实测雨量与多源降水产品的融合，融合了站点实测雨量、卫星遥感降水产品和再分析降水产品，并生成了一种被广泛应用的全球月降雨量数据集（CMAP）。随着大量降水产品的涌现，站点实测雨量与多源降水产品融合（以下称为"产品融合方法"）逐渐成为改进降雨估计的主流方法[87,88]。与偏差校正方法相似，产品融合方法沿用了"有资料处训练-无资料处应用"的模型思想，但相较于偏差校正方法，产品融合方法涉及的数据源更多，同时需要考虑每种数据源与地势、植被、气象等影响因素的关系，因此融合时需要考量的相关变量更多，算法也更为复杂或黑箱。

融合方法主要分为两类，第一类是基于加权平均的融合方法，包括反均方根误差加权法[89]、最优权重法[87]、贝叶斯模型平均[90]等，例如 Zhu 等[89]采用一种形态自适应的方法分别在时间和空间维度上识别了降雨事件，并以有站格点处降雨的均方根误差的倒数作为权重，融合了无站格点处多源降水产品；Hong 等[91]提出了一种利用人工神经网络逐格点地确定融合权重的方法，神经网络中的协变量包含该格点的海拔、气压和风速，因此，各格点之间的融合权重不同，任一格点不同时段的融合权重不同。第二类是基于机器学习的融合方法，包括随机森林法[83,92]、人工神经网络法[93]、长短时记忆法[94]、卷积神经网络法[95,96]等，例如，Baez-Villanueva 等[83]在有站格点以多源降水产品在该格点的降雨估计作为相关变量、以实测雨量作为基准训练模型，基于训练后的模型估计无站格点的雨量；Zhang 等[85]采用了"先分类，再回归"的融合策略，即先利用随机森林的分类功能区分无雨时段和有雨时段，再利用 4 种机器学习算法的回归功能分别估计融合后降雨量；Wu 等[94]耦合了卷积神经网络和长短时记忆网络，先采用卷积神经网络提取多源降雨数据估计的降雨空间特征，再采用长短时记忆网络描述空间特征的时间依赖性，融合后降雨的精度较原始产品的精度改善了 15%～17%。

此外，也有部分研究提出两阶段方法，即先对不同来源的降水产品进行偏差校正，再融合校正后的多源降水产品。例如，Ma 等[97]首先通过产品误差和地形之间的广义回归函数校正了每种待融合的降水产品，再采用贝叶斯模型平均的方法融合了校正后的降水产品，结果表明，两阶段方法能有效避免产品异常值的干扰，融合后的降雨精度较原始产品改善了约 10%。

1.3.3 无雨量站地区的多源降水产品融合方法

对于未布设雨量站的地区，训练或率定多源降雨数据校正或融合模型时缺乏实测基准，常规融合方法难以开展。解决该问题的常用思路包括模型移植、基于三重搭配思想的融合方法以及采用其他水文变量校正降水产品。首先，可采用模型移植的思路，即在有雨量站地区利用实测降雨资料训练多源降水产品融合模型，再将其应用在无雨量站地区，例如，Wang 等[98]提出一种基于卷积神经网络的多源红外联合反演降水的算法，为突破实测降雨资料稀缺的限制，先在资料丰富的美国大陆预训练模型，再将其迁移应用于中国大陆，降雨估计精度显著优于同类型产品 PERSIANN-CCS。第二，可采用三重搭配法基于三种相互独立的降水产品两两之间的协方差估算降水产品三元组的误差，再根据各产品的误差采用线性回归、非线性回归或加权平均等[99]方法融合多源降水产品。例如，Chen 等[100]提出了一种基于乘积三重搭配法（MTC）的多源降水产品融合方法，通过在长江流域的验证表明，该方法可在不考虑降雨实测资料的情况下得到与常规产品融合方法相近的精度；为突破传统三重搭配法仅能融合三种降水产品的限制，Xu 等[101]提出了一种基于扩展三重搭配法的融合方法，在全球融合了 13 种月尺度降水产品和 11 种日尺度降水产品。第三，降雨作为水循环中的关键要素与土壤含水量、径流等水文变量密切相关，因此可采用对降雨敏感的水文要素观测值指导降水产品的校正或融合。例如，Massari 等[102]利用遥感土壤含水量不仅改善了降水产品精度还设定了洪水模拟时流域初始湿润条件；Roman-Cascon 等[103]基于数据同化利用卫星遥感的土壤含水量估计校正了 CMORPH、TMPA 和 PERSIANN 三种降水产品，但由于土壤含水量遥感信号易受强射频干扰的影响，该类方法在地形复杂、森林茂密和其他强射频干扰地区不适用。流量资料在洪水易发地区获取方便,Si 等[104]提出的动态系统响应曲线方法以水文模型为媒介利用观测流量逐时段校正降雨估计,但由于该方法基于集总式水文模型,所以仅能校正流域平均面雨量。

在提出上述三类多源降雨数据融合方法的各项研究中,相应算法在不同月份、位置、地势、海拔、降雨强度、气候条件等情况下的表现均被详细分析,以表现该算法广泛的应用场景。仅少量文章论述了雨量站点密度对多源降雨数据融合的影响[73,85,105],例如,Bai 等[73]分析了不同站点密度的实测雨量校正 PERSIANN-CRD 的效果,研究指出,当用于校正降水产品的实测资料略微增多(3 000～5 000 km^2/站)时,虽然校正后降雨较原始降水产品大幅改进,但其精度劣于仅实测雨量插值的降雨精度,此时该校正方法不再具有实用价值。

1.4 降水产品与水文模型的耦合研究进展

降水产品对缺降雨资料地区的洪水预报至关重要,而降水产品的误差难以被彻底校正,因此,通过降水产品与水文模型的耦合来削弱降水产品误差带来的模型输入不确定性是基于多源降水产品的洪水预报的热点问题[106,107]。采用具有明显不确定性的降雨估计作为水文模型的输入时,为提高洪水预报的精度,可改进的要素有模型输入、水文模型和中间变量。因此本节将从以上三个方面综述基于多源降水产品的洪水预报研究。

针对模型输入,即改进降雨估计,1.3 节中综述的通过多源降雨数据融合改进降雨估计的方法与洪水预报过程相对独立,为使改进后的降雨估计更适用于洪水预报,常见的耦合方式包含三种。第一,针对多源降雨数据融合模型,即以改进后降雨量驱动的洪水预报的精度为目标训练或率定多源降雨数据融合模型,可使得融合降雨朝着服务于洪水预报的方向改进。例如,吴晨晨[108]在无降雨资料地区首先采用时效性较差但精度相对较高的后处理降水产品序列确定了水文模型参数,然后融合了四种近实时降水产品,最后采用带有参数的融合降雨驱动水文模型并以洪水预报精度为目标确定融合模型的参数，显著提高了近实时降水产品在洪水预报中的可利用性。第二，针对水文模型参数，即以原始降水产品或改进后降雨估计驱动水文模型并以洪水预报精度为目标率定水文模型参数，以期水文模型参数能够适应降雨估计的系统误差。例如，Yuan 等[109]以 IMERG 和 TRMM 为水文模型的输入分别重率定了水文模型的参数，与基于原始参数的洪水预报相比，降水产品在重率定后的水文模型中表现出更好的水文应用潜力，但仍劣于站点实测雨量驱动下的洪水预报精度。第三，同时开展多源降雨数据融合模型的训练过程与水文模型的参数率定过程。例如，Chiang 等[110]将多源降水产品的融合权重作为一个待确定的参数，以模拟流量误差最小为目标，在率定水文模型参数的同时确定产品融合权重。对于第二类和第三类方法，为适应降水产品的不确定性而调整水文模型参数的做法将使水文模型参数偏离其物理意义规定的范围，水文模型的扩展性较差[111, 112]。

针对水文模型，除了重新率定水文模型参数外，部分研究采用了以机器学习等数据驱动模型替代物理模型的预报策略[113, 114]。采用数据驱动模型可以基于存在明显不确定性的多源降雨估计直接模拟流量，以黑箱模拟的形式忽略了降水产品校正、多源数据融合、产流、汇流等中间过程，可以一定程度上降低耦合预报的操作难度[114]。例如，Kumar 等[115]以稀疏站点实测降雨、TRMM 的近实时降雨估计和 ASCAT 的土壤含水量估计作为预报流量的相关变量，采用支持向量机法替代水文物理模型降低了操作难度，在不同的训练方案下洪水预报精度均得到一定程度的提高；Nanda 等[116]对比了人工神经网络、小波神经网络等多种机器学习模型在无降雨资料地区的流量预报能力，仅以 TRMM 近实时降雨估计的短期序列作为预报流量的相关变量，用降水产品估计的前期累积雨量替代初始土壤含水量，结果展示了较好的洪水预报鲁棒性；Jiang 等[117]首先采用机器视觉模型提取了降水产品、叶面指数等信息的时空特征，再将该特征作为预报流量的相关变量训练人工神经网络，研究结果展示了令人满意的短期预测、长期模拟和迁移学习的性能。可见，该类研究在机器学习模型的训练方式、多源降水产品的时空利用方式、相关变量的选取等方面存在显著差异。

针对水文模拟的中间变量，常见校正对象为土壤含水量，原因在于当具有明显不确定性的降雨信息驱动水文模型时,土壤含水量模拟被直接干扰,而土壤含水量不仅对降雨响应及时并且直接影响场次洪水洪量,是一个具有承上启下作用的重要状态变量[118]。常见做法是利用可实时获取的土壤含水量或流量校正水文模型模拟的土壤含水量。缺降雨资料地区的土壤墒情站也较为少见[119],受土壤墒情资料稀缺的限制,常以遥感土壤含水量产品替代站点实测土壤含水量开展校正研究[120],例如,Chen 等[121]利用 ASCAT 和 SMOS 的土壤含水量估计通过集合卡尔曼滤波的方法实时校正了 TRMM 的近实时降水产品驱动下的水文模型,在美国中部 13 个流域的应用表明该方法可较好地模拟流量。至此,若采用遥感土壤含水量产品辅助基于多源降水产品的洪水预报,则有两种方案,其一为 1.3 节综述的采用遥感土壤含水量产品先校正多源降水产品再驱动水文模型[103],其二为采用遥感土壤含水量产品实时校正多源降水产品驱动下的水文模型的土壤状态[121],Massari 等[122]对比了上述两种方案的洪水预报效果,并指出前者更适用于预报高流量,后者更适用于预报低流量。洪水预报的目标断面常设水文站点,与实测土壤含水量信息相比,可靠的实测流量信息更易获取,Lee 等[123]基于变分数据同化采用实测流量校正了降水产品(CMORPH)驱动下的水文模型(SAC-SMA)模拟的土壤含水量。魏国振[124]基于标准卡尔曼滤波和数据驱动的水文模型,用实测流量校正水文模型模拟的中间变量,取得了较高的洪水预报精度,该研究中驱动水文模型的降雨估计来自稀疏雨量站插值,虽不是卫星遥感降水产品,但也具有明显的不确定性。与基于土壤含水量观测的洪水预报校正对比,得益于实测流量较高的观测精度,以实测流量为基准校正降水产品驱动下的水文模型中间变量的洪水预报精度更高[125]。

1.5 存在问题及发展趋势

目前,全球降水产品的持续发布为缺降雨资料地区的洪水预报提供了稳定的数据来源,在降水产品的选用、改进以及水文应用等方面已取得了初步

进展,但仍存在以下三方面不足:

(1) 现有降水产品性能分析忽视了多源降水产品间优劣互补性的量化分析

降水产品性能的定量评价与分析是降水产品选用的基石。虽然现有精度评价指标种类丰富,但受限于降水产品显著的误差,仅以精度作为选用判据存在局限性。降水产品种类日益丰富,若某降水产品的精度略低,但其误差特征与其他产品截然不同,则该产品的选用可显著提高产品的多样性,进而有利于多源产品融合时的优劣互补。现有单源产品精度评价指标,仅能通过分别评估每个降水产品在不同情况下的精度,定性地概括各降水产品的优势和劣势。然而,受限于降水产品显著的随机误差、复杂的性能分析角度以及繁多的产品种类,产品优劣多样性的定性概括难以在实际应用中作为产品选用的判据。因此,在多源产品融合应用逐渐替代单源产品独立应用的大背景下,如何在降水产品定量评价中兼顾产品的准确性和误差多样性,为多源产品的选用提供定量依据,是本书拟解决的第一个关键问题。

(2) 现有多源降雨数据融合中降水产品对稀疏站点插值降雨的改进不足

站点实测降雨与多源降水产品融合是改进降雨估计的关键。现有多源降雨数据融合方法的侧重点在于利用站点实测降雨改进降水产品,仅在站点极稀疏的情况下,降水产品对稀疏站点插值降雨存在改进作用。当站点密度超过某一阈值(约 3 500 km^2/站),两类降雨融合后的精度劣于纯实测雨量空间插值,现有融合方法则不具备应用价值。然而,与 WMO 推荐的 250～900 km^2/站相比,上述阈值密度下的站网仍极为稀疏,或许能够承担全球尺度的降雨观测任务,但难以准确并稳定地观测流域尺度的降雨空间分布,进而难以支撑洪水预报,仍需在降水产品的辅助下进一步改进。因此,如何增强降水产品对站点插值估计降雨的改进作用,削弱产品误差对融合结果的干扰,使多源降雨数据融合适用于流域尺度,是本书拟解决的第二个关键问题。

(3) 多源降水产品与洪水预报实时校正的耦合程度有待进一步加强

降水产品的误差难以被彻底修正,因此耦合多源降雨与水文模型从而控制输入不确定性是缺降雨资料地区洪水预报的关键。以实测流量为基准校正降水产品驱动下的水文模型,不仅能根据实测信息动态修正预报,还能为缺降雨资料地区洪水预报进一步融入高精度信息，因此这种耦合方式削弱水文模型输入不确定性的潜力更大。然而，现有的洪水预报实时校正方法通常涉及产汇流过程的逆向演算，且仅适用于校正单源降雨数据驱动下的洪水预报，若直接以单源无/短滞时降水产品驱动现有洪水预报校正模型，显著的输入不确定性会导致校正模型难以收敛或校正结果波动强烈。因此，如何深入耦合多源降雨数据和洪水预报实时校正，在提高洪水预报精度的同时控制校正结果的波动性，是本书拟解决的第三个关键问题。

2　多源降水产品融合潜力的量化方法

伴随着地球物理学科理论、卫星遥感技术、计算机技术和数据集成技术的蓬勃发展，降水产品种类日益增多，各产品用于反演降水的遥测信号类型、估算原理和具体算法各不相同，导致各产品的误差特性也各不相同。充分了解降水产品的性能是判断降水产品能否选用的前提。

最常见的产品选用判据是降水产品的精度，精度更高的产品具有更好的应用潜力。然而，降水产品的误差显著，例如，某区域精度最高的无/短滞时降水产品与实测雨量的相关系数仅为 0.7，具有较大不确定性，因此仅以降水产品的精度作为选用判据存在局限性。若某降水产品的精度略低，但其误差特征与其他产品截然不同，则选用该产品可提高产品的多样性，进而有利于多源产品在融合应用中发挥取长补短作用。因此，除降水产品的精度外，多源降水产品之间相互配合的性能同样是判断降水产品能否选用的关键依据，本书将降水产品上述利于融合应用的性能统称为多源降水产品的融合潜力。

现有精度评价指标种类丰富，但评价对象均为单一产品，仅能通过分别评估每个降水产品在不同情况下的精度，定性地分析各降水产品之间优劣互补的性能。例如，在我国汉江地区[40]，NCEP 对小雨和大雨的预报效果较好、对中雨的预报效果较差，UKMO 对中雨的预报效果较好、对其他量级降雨的预报效果一般，因此该地区 NCEP 和 UKMO 具有互补应用的潜力。然而，受限于降水产品显著的随机误差、复杂的性能分析角度以及繁多的产品种类，多源产品之间的优劣互补性的定性评价难以在实际应用中作为产品选用的判据。

因此，在多源产品融合应用逐渐替代单源产品独立应用的大背景下，为了给多降雨融合模型选择降水产品提供定量依据,亟需定量评价多源降水产品的融合潜力。与传统的精度评价不同的是,融合潜力的评价对象是多源降水产品组,这种分析多个对象的量化指标常见于评价集合预报和不确定性区间的研究中,例如 Brier 评分[126, 127]和包裹度[128, 129]等。

2.1 产品融合方法相同点概括

产品融合方法种类繁多,不同的产品融合方法在消纳产品误差时对产品间的关系有着不同考量。为使被优选的多源降水产品更适用于多源降雨融合方法,选取融合潜力量化指标的首要任务是寻找融合方法的相同点。

当将多个数值融合为一个数值时,向内估计较为常见,即融合结果一般介于多源输入的最小值和最大值形成的区间内,外推估计的情况较少且外推幅度不大。具体而言,在基于加权的融合方法中,各产品的权重和等于1,例如,反 RMSE 加权法[89]、最优权重法[87]、贝叶斯模型平均[90]以及被广泛应用的融合后降水产品 MSWEP[88];在基于机器学习的融合方法[83,93]中,仅当相关变量包含气象、地形和下垫面等除降水产品外的其他要素时,融合结果会在上述区间的基础上小幅外推。

因此,多源降水产品形成的动态区间与降雨实测值的相对关系可反映该组产品的融合潜力。具体而言,区间对实测值的覆盖程度越高,融合后降雨等于实测值的可能性越高;增加区间宽度可提高覆盖度[129],然而,区间宽度越大,表明该组产品的部分成员偏离实测值的幅度过大,融合过程越容易受到干扰,融合方法在区间内估算到降雨实测值的难度越大。区间宽度小且对实测降雨覆盖程度高的产品组具有较好的准确性和多样性。因此,量化融合潜力的主要任务即为量化多源降水产品形成的区间的宽度及其对实测值的覆盖程度,并权衡二者的重要性。

2.2 产品融合潜力量化方法

融合潜力的分析对象是降水产品组，任一降水产品组如式(2.1)所示，

$$PC = \{P^1, P^2, \cdots, P^s\} \tag{2.1}$$

其中，$P^1, P^2, \cdots, P^s$ 代表任意 s 种降水产品。

无论是传统的产品精度评价还是量化 PC 的融合潜力，都是在有实测值的位置并以实测值为基准开展。PC 在任意有实测值的时段 i、格点 k 的区间如式(2.2)所示，

$$Y_{i,k} = [\underline{P_{i,k}}, \overline{P_{i,k}}] \tag{2.2}$$

其中，

$$\underline{P_{i,k}} = \min(P^1_{i,k}, P^2_{i,k}, \cdots, P^s_{i,k})$$

$$\overline{P_{i,k}} = \max(P^1_{i,k}, P^2_{i,k}, \cdots, P^s_{i,k})$$

$P^s_{i,k}$ 代表产品 s 在时段 i、格点 k 的降雨估计。

区间对实测值的覆盖程度[130]用实测值超出区间的距离与实测值的比（$PMOI$）量化，如式(2.3)所示。其作用与包裹度[128]类似，包裹度的定义为实测值在区间内的次数占观测总数的比例。但包裹度不能区分实测值超出区间的程度。

$$PMOI = \frac{\sum_{i=1}^{n} \sum_{k=1}^{b} P^{out}_{i,k}}{\sum_{i=1}^{n} \sum_{k=1}^{b} P^{ob}_{i,k}} \tag{2.3}$$

其中，

$$P^{out}_{i,k} = \begin{cases} P^{ob}_{i,k} - \overline{P_{i,k}} & if \quad P^{ob}_{i,k} > \overline{P_{i,k}} \\ 0 & if \quad \underline{P_{i,k}} \leqslant P^{ob}_{i,k} \leqslant \overline{P_{i,k}} \\ \underline{P_{i,k}} - P^{ob}_{i,k} & if \quad P^{ob}_{i,k} < \underline{P_{i,k}} \end{cases}$$

为超出区间 $Y_{i,k}$ 的降雨量；$P_{i,k}^{ob}$ 为雨量站在时段 i、格点 k 的降雨实测量；n 为实测值的时段总数；b 为有实测值的格点总数。

区间的宽度采用平均相对带宽（RB）量化，如式（2.4）所示，

$$RB = \frac{\sum_{i=1}^{n}\sum_{k=1}^{b}(\overline{P_{i,k}} - \underline{P_{i,k}})}{\sum_{i=1}^{n}\sum_{k=1}^{b}P_{i,k}^{ob}} \tag{2.4}$$

在量化区间的宽度及其对实测值的覆盖程度时，式（2.3）和式（2.4）采用了与实测值的相对指标，亦可采用如式（2.5）和式（2.6）所示的绝对指标，本书将在 6.1 节讨论二者的区别。

$$PMOI = \frac{\sum_{i=1}^{n}\sum_{k=1}^{b}P_{i,k}^{out}}{nb} \tag{2.5}$$

$$RB = \frac{\sum_{i=1}^{n}\sum_{k=1}^{b}(\overline{P_{i,k}} - \underline{P_{i,k}})}{nb} \tag{2.6}$$

为在量化产品组的融合潜力时综合考虑 $PMOI$ 和 RB，在归一化两个指标的基础上，加权耦合 $PMOI$ 和 RB，从而量化每组产品的融合潜力，具体步骤如下：

第一步，确定 $PMOI$ 和 RB 的权重。$PMOI$ 的权重为 ω，RB 的权重为 $1-\omega$。$PMOI$ 和 RB 均是越小越优的指标。RB 的增大有助于 $PMOI$ 的减小，两个指标具有竞争关系，因此权重的选取将影响融合潜力的量化，本书将在 6.2 节讨论权重对产品组的融合潜力的影响。

第二步，采用式（2.3）～（2.4）或式（2.5）～（2.6）分别计算 H 组产品的 $PMOI$ 和 RB，并分别作归一化处理，则对于任一组产品 γ：

$$PMOI'_{\gamma} = \frac{\overline{PMOI} - PMOI_{\gamma}}{\overline{PMOI} - \underline{PMOI}} \tag{2.7}$$

$$RB'_{\gamma} = \frac{\overline{RB} - RB_{\gamma}}{\overline{RB} - \underline{RB}} \tag{2.8}$$

其中，

$$\overline{PMOI} = \max(PMOI_1, PMOI_2, \cdots, PMOI_H)$$

$$\underline{PMOI} = \min(PMOI_1, PMOI_2, \cdots, PMOI_H)$$
$$\overline{RB} = \max(RB_1, RB_2, \cdots, RB_H)$$
$$\underline{RB} = \min(RB_1, RB_2, \cdots, RB_H)$$

$PMOI'_\gamma$ 和 RB'_γ 分别为产品组 γ 的归一化处理后的区间覆盖程度和宽度指标,已转为越大越优指标。若有 h 种待选产品,则 $H = \sum_{s=2}^{h} C_h^s$。

第三步,将 $PMOI'_\gamma$ 和 RB'_γ 加权耦合为一个指标,称为产品组 γ 的融合潜力 MU_γ,如式(2.9)所示。融合潜力 MU_γ 为越大越优指标。

$$MU_\gamma = \cfrac{1}{1 + \left\{\cfrac{\omega(1-PMOI'_\gamma) + (1-\omega)(1-RB'_\gamma)}{\omega PMOI'_\gamma + (1-\omega)RB'_\gamma}\right\}^2} \tag{2.9}$$

式(2.9)所示的加权融合过程选用了模糊相对隶属度模型。

2.3 本章小结

为在降水产品定量评价中兼顾多源产品的准确性和误差多样性,本书指出了多源产品形成的动态区间的宽度 RB 和实测降雨覆盖度 $PMOI$ 的重要意义,在此基础上提出了以降水产品组为评价对象的多源降水产品融合潜力量化方法。创新之处在于,现有多源降雨融合方法仅以单源产品精度作为产品选用判据,忽视了多源降水产品间优劣互补性,从而难以选出适用于融合应用的多源降水产品。为此,先通过挖掘融合方法消纳产品误差的特点,指出多源产品形成的动态区间对产品间优劣互补的重要意义,在此基础上,通过加权耦合动态区间的宽度和实测降雨覆盖度构建了多源降水产品融合潜力量化指标,将产品选用判据从单源产品精度转变为多源产品融合潜力,实现了在多源产品融合前对产品组合优劣的有效预判。经多种融合方法验证,当实测降雨覆盖度的权重为 0.6~0.7 时,多源产品的融合潜力与融合后降雨精度的相关性最为显著,融合潜力量化指标的有效性最高。

3 基于虚拟站点的多源降雨数据融合方法

站点实测雨量在雨量站附近具有较高精度但难以覆盖所有区域，降水产品的降雨估计能反映全球时空特征但精度较低，因此，多源降雨数据融合是缺降雨资料地区改进降雨估计精度的研究热点。

现有多源降雨数据融合方法主要思路为以站点实测雨量为基准改进多源降水产品，基本步骤可概括为：在有雨量站的格点训练融合模型、在无雨量站的格点逐格点地应用该融合模型。每个格点的降雨估计均融入了降水产品，这意味着产品误差也干扰了每个格点的融合结果，从而导致现有的融合方法仅在雨量站极稀疏地区表现较优，例如文献[84]中的 8 000 km²/站以及文献[73]中的 13 000 km²/站；而当站点密于某一阈值（约 3 500 km²/站），降水产品误差相对明显，降雨融合后的精度劣于纯实测雨量空间插值，现有融合方法则不具备应用价值。

然而，相比于世界气象组织（WMO）建议[14]的山区 250 km²/站和平原 900 km²/站，上述密度的雨量站网仍极稀疏，纯实测雨量空间插值仍难以准确并稳定地估计降雨场。例如，若某降雨场的中心远离雨量站，则纯实测雨量空间插值将低估该降雨场雨量；若某降雨场的低雨量区远离雨量站，则纯实测雨量空间插值将高估该降雨场雨量；仅当降雨场的空间特征雨量恰好落在雨量站附近时，纯实测雨量空间插值能够准确描述降雨场。因此，对于雨量站稀疏地区（站点稀于 WMO 建议密度）仍需利用降水产品改进纯实测雨量空间插值的降雨场。

若能针对不同降雨场的空间特征动态选择格点，仅在该格点利用降水产品估计雨量，再结合实测降雨开展空间插值，则既可以动态补充降雨场空间分布关键信息，又可以通过动态调整降水产品的利用程度削弱降水产品误差干扰。在空间插值过程中,上述被选择的格点与雨量站发挥着相同作用,但该格点的位置和数量随着降雨场动态变化,因此,本书称该格点为虚拟站点。本章提出一种基于虚拟站点的多源降雨数据融合方法,融合稀疏站点实测雨量和多源降水产品,为雨量站稀疏地区提供一种更为可靠的降雨估计。

3.1 方法概述

当仅采用实测雨量空间插值估计降雨场时,时段 i、格点 k 的估计降雨 $\hat{P}_{i,k}$ 的取值范围如式(3.1)所示,

$$\hat{P}_{i,k} \in [\underline{P_{i,k}}, \overline{P_{i,k}}] \tag{3.1}$$

其中,

$$\underline{P_{i,k}} = \min(P_{i,G1}^{ob}, P_{i,G2}^{ob}, \cdots)$$

$$\overline{P_{i,k}} = \max(P_{i,G1}^{ob}, P_{i,G2}^{ob}, \cdots)$$

$P_{i,G1}^{ob}$ 是时段 i、G_1 的实测雨量,G_1,G_2,$\cdots$是格点 k 附近的实际雨量站。当实际站点布设稀疏时,站点实测雨量难以反映降雨场的整体空间分布,真实降雨可能不在式(3.1)的取值范围内,导致估计降雨偏离真实降雨,以图 3.1(a)和(b)为例,真实降雨场的最大雨量大于 $\overline{P_{i,k}}$ 且最小雨量小于 $\underline{P_{i,k}}$。因此,若能确定真实降雨场空间最大雨量和最小雨量的位置和相应雨量,作为虚拟站点补充到实际站点中再进行空间插值,则可有效改进降雨估计,如图 3.1(c)所示。

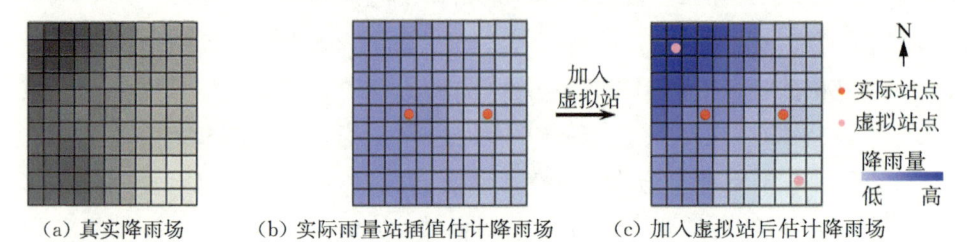

(a) 真实降雨场　　(b) 实际雨量站插值估计降雨场　　(c) 加入虚拟站后估计降雨场

图 3.1　虚拟站点的作用示意图

由降水产品性能可知，降水产品在观测降雨空间分布方面具有优势，因此，本章提出利用多源降水产品推测真实降雨场空间最大雨量和最小雨量的位置。本方法的主要步骤如下：①将待估计降雨场的地区划分为多个子区域；②确定各子区域的虚拟站点位置；③估计虚拟站点处的降雨量；④利用实际站点和虚拟站点进行空间插值。融合方法流程图如图 3.2 所示。

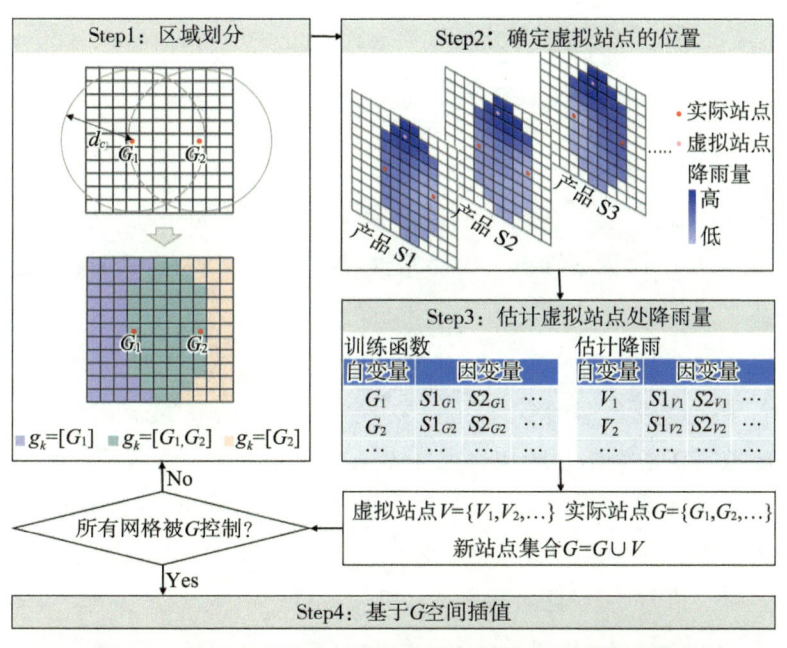

图 3.2 基于虚拟站点的多源降雨数据融合方法的流程图

3.2 研究区域划分

实际站点的观测雨量仅能反映其控制距离内的降雨量，该控制距离一般为 10~50 km。根据雨量站点集合 $G=\{G_1,G_2,\cdots\}$，将由同一组雨量站点控制的网格划分为一个子区域，在利用空间插值方法估计降雨场时，同一子区域内的估计降雨的取值范围相同。如图 3.2 中方法第一步所示，以空间中任

意两个雨量站点 G_1 和 G_2 为例，d_c 是雨量站点的可控距离，g_K 代表控制同一子区域的雨量站集合，它是 G 的一个子集，图中以不同颜色区分不同子区域，例如，浅紫色代表仅 G_1 控制的子区域，浅绿色代表 G_1 和 G_2 共同控制的子区域，浅粉色代表仅 G_2 控制的子区域。

3.3 虚拟站点位置确定

由图 3.1 分析可知，虚拟站点的位置由真实降雨场的最大值和最小值分别与 $\overline{P_{i,k}}$ 和 $\underline{P_{i,k}}$ 比较后确定。具体而言，某子区域可能存在的情况包括：

①若子区域的最小雨量小于 $\underline{P_{i,k}}$，同时该子区域的最大雨量大于 $\overline{P_{i,k}}$，则该子区域需在最大雨量和最小雨量分别所在的两个格点补充虚拟站；

②若子区域的最小雨量大于 $\underline{P_{i,k}}$，同时该子区域的最大雨量大于 $\overline{P_{i,k}}$，则该子区域需在最大雨量所在格点补充一个虚拟站；

③若子区域的最小雨量小于 $\underline{P_{i,k}}$，同时该子区域的最大雨量小于 $\overline{P_{i,k}}$，则该子区域需在最小雨量所在格点补充一个虚拟站；

④若所有格点的雨量均在 $[\underline{P_{i,k}},\overline{P_{i,k}}]$ 范围内，则该子区域不需补充虚拟站。

因真实雨量未知，虚拟站点位置的确定需借助多源降水产品。本书提出的融合方法假设：若超半数降水产品推荐某格点为虚拟站点，则该位置确需补充一个虚拟站点。

对于任一降水产品，通过空间各格点的降雨量对比，推荐子区域内的最大或最小雨量所在位置为虚拟站点。为突出关注降水产品的空间信息，将每个降水产品在单个时间步长估计的降雨场做 0~1 归一化处理，得到产品 s 在时段 i 归一化的降雨场 $\mathbf{N}_{i,\cdot}^s$，则产品 s 在时段 i、格点 k 归一化的降雨量为：

$$N_{i,k}^s = \frac{P_{i,k}^s - \min(\mathbf{P}_{i,\cdot}^s)}{\max(\mathbf{P}_{i,\cdot}^s) - \min(\mathbf{P}_{i,\cdot}^s)} \tag{3.2}$$

其中，$\boldsymbol{P}_{i,\cdot}^s$ 是产品 s 在时段 i 的降雨场；$P_{i,k}^s$ 是产品 s 在时段 i、格点 k 的降雨量。因此，$\boldsymbol{N}_{i,\cdot}^s$ 中任一元素取值范围为 $[0,1]$。

若 $\boldsymbol{N}_{i,\cdot}^s$ 在某子区域内的最大值大于该子区域的控制站点位置上的 $\boldsymbol{N}_{i,\cdot}^s$ 的最大值，则前者所在位置被产品 s 推荐为最大雨量虚拟站点的位置，即：

如果，

$$\max(\boldsymbol{N}_{i,K}^s) > \max(\boldsymbol{N}_{i,gK}^s) + a_{\max} \tag{3.3}$$

则 $\max(\boldsymbol{N}_{i,K}^s)$ 所在位置为产品 s 推荐的最大雨量虚拟站点位置；反之，产品 s 未推荐最大雨量虚拟站点。

其中，$\boldsymbol{N}_{i,K}^s$ 是某子区域范围内的 $\boldsymbol{N}_{i,\cdot}^s$；$\boldsymbol{N}_{i,gK}^s$ 是该子区域的控制站点位置上的 $\boldsymbol{N}_{i,\cdot}^s$；$K=[k_1,k_2,\cdots]$ 是某子区域范围内的格点；$a_{\max}$ 是一个增强不等式显著性的参数，建议取值为 0.1~0.2。

若超过半数产品均推荐某位置（及其附近）为最大雨量虚拟站点，则该位置为最终确定的最大雨量虚拟站点位置，反之，该子区域不需补充最大雨量虚拟站点。

同理，若 $\boldsymbol{N}_{i,\cdot}^s$ 在某子区域内的最小值小于该子区域的控制站点位置上的 $\boldsymbol{N}_{i,\cdot}^s$ 的最小值，则前者所在位置被产品 s 推荐为最小雨量虚拟站点的位置，即：

如果，

$$\min(\boldsymbol{N}_{i,K}^s) < \min(\boldsymbol{N}_{i,gK}^s) - a_{\min} \tag{3.4}$$

则 $\min(\boldsymbol{N}_{i,K}^s)$ 所在位置为产品 s 推荐的最小雨量虚拟站点位置；反之，产品 s 未推荐最小雨量虚拟站点。

其中，$a_{\min}$ 是一个增强不等式显著性的参数，建议取值为 0.1~0.2。

若超过半数产品均推荐某位置（及其附近）为最小雨量虚拟站点，则该位置为最终确定的最小雨量虚拟站点位置，反之，该子区域不需补充最小雨量虚拟站点。

3.4 虚拟站点雨量估计

现有逐网格融合多源降水产品的方法均可用于估计虚拟站点处的雨量，此类融合方法的步骤可概括为训练模型和估计降雨。

①训练模型：基于各类回归分析建立一个因变量与自变量的转化模型，其中，因变量为站点实测雨量，自变量为多源降水产品在实际站点位置的雨量估计值以及其他相关的协变量，如式(3.5)所示。

$$P_{i,G}^{ob} = M(P_{i,G}^1, P_{i,G}^2, \cdots, P_{i,G}^s, Co_{i,G}) + \varepsilon \tag{3.5}$$

其中，$M(\cdot)$是所训练的转化模型；$P_{i,G}^{ob}$是时段i、雨量站G所在格点的实测雨量；$P_{i,G}^s$是产品s在时段i、雨量站G所在格点的估计雨量；$Co_{i,G}$是与雨量站G相关的协变量集合，如地形和附近雨量站等信息；ε是模型误差。

②估计降雨：基于训练后的转化模型估计虚拟站点处的降雨量$\hat{P}_{i,V}$。因变量为虚拟站点处的降雨估计，自变量为多源降水产品在虚拟站点位置的雨量估计值以及其他相关的协变量，如式(3.6)所示。

$$\hat{P}_{i,V} = M(P_{i,V}^1, P_{i,V}^2, \cdots, P_{i,V}^s, Co_{i,V}) \tag{3.6}$$

其中，$P_{i,V}^s$是产品s在时段i、虚拟站V所在格点的估计雨量；$Co_{i,V}$是与虚拟站V相关的协变量集合，如地形和附近雨量站等信息。

值得注意的是，多源降水产品的定量降雨估计仅在虚拟站点处被应用和融合。

3.5 基于实际站点和虚拟站点的降雨空间插值

雨量站点集合可以更新为实际站点和虚拟站点的并集,即 $G=\{G_1, G_2,\cdots,V_1,V_2,\cdots\}$,其中 V 为虚拟雨量站。

判断目标区域的所有格点距最近雨量站点的距离是否小于第一步中选定的雨量站点可控距离。

若否,则说明更新后的雨量站点集合仍然稀疏,以至于无法通过空间插值估计部分格点的雨量,需进一步增加虚拟站点数量,因此,基于更新后的雨量站点集合 $G=\{G_1,G_2,\cdots,V_1,V_2,\cdots\}$ 转到第一步。

若是,则说明更新后的雨量站点集合可以控制该区域内所有格点,雨量站的密度支持空间插值,因此,基于更新后的雨量站点集合进行空间插值,得到该时段的降雨场估计 $\hat{\boldsymbol{P}}_{i,\cdot}$。

3.6 本章小结

为利用降水产品改进稀疏站点插值的降雨精度,本书提出了基于虚拟站点的多源降雨数据融合方法,针对不同降雨场的空间特征动态调整降水产品的利用程度,称利用了降水产品定量估计的格点为虚拟站点。虚拟站法框架中的基础方法包含逐网格融合方法和空间插值方法。创新之处在于,稀疏雨量站易缺测降雨场的空间极值,严重影响降雨空间插值精度;降水产品能动态反映降雨空间分布,但产品整体定量误差显著;现有多源降雨融合方法逐网格地融入降水产品的所有信息,可能引入较大误差。为解决上述问题,构建了能够针对不同降雨场自适应地调整降水产品空间利用程度的多源降雨数据融合方法。对于任一降雨场，先比较多源降水产品和稀疏站点插值的降雨空间分布，推测稀疏站点缺测的子区域最大或最小雨量的位置，仅在该位置融入多源降水产品的定量估计，再结合实测降雨开展空间插值，从而实现了在补充降雨场空间信息的同时减少产品误差干扰的引入。

4 动态约束下的多源降雨与水文模型的耦合方法

缺降雨资料地区一般受人类活动影响较弱,水文模型的降雨输入误差是影响该类地区洪水预报精度的主要因素[131]。然而,无论是雨量站稀疏地区的融合后的降雨数据,还是无雨量站地区的未经修正的降水产品,降雨估计误差均难以被彻底消除。因此,耦合多源降雨与水文模型从而控制输入不确定性是缺降雨资料地区洪水预报的关键。

最简单的耦合方式是基于降水产品重新率定水文模型参数[109],以期水文模型参数能够适应降雨估计的系统误差,从而抵消部分模型输入不确定性,这种重率定的方法降低了水文模型参数的可解释性,且仅适用于单源降雨输入。针对多源降雨输入,部分研究[108]以提高洪水预报精度为目标训练或率定多源降雨数据融合模型,以期融合后的降雨向服务于洪水预报的方向改进,但该类方法难以实时动态提高洪水预报精度。若以实测流量为基准校正降水产品驱动下的水文模型,不仅能根据实测信息动态修正预报,还能为缺降雨资料地区洪水预报进一步融入高精度信息,因此,多源降雨与洪水预报校正耦合削弱水文模型输入不确定性的潜力更大。

现有洪水预报校正模型种类丰富,以实测流量为基准的实时校正通常涉及产汇流过程的逆向演算,例如,以实测流量校正降雨[125]、土壤含水量[123]或产流[132]。然而,一方面,现有校正方法仅适用于校正单源降雨数据驱动下的洪水预报,另一方面,无/短滞时降水产品误差最为显著,若直接以单源无/短滞时降水产品驱动现有洪水预报校正模型,显著的输入不确定性会导致校正模型难以收敛或校正结果体现出较强的波动性[133]。因此,亟需深入耦合多源降雨和洪水预报实时校正,提高洪水预报精度的同时控制校正结果的波动性。

本章提出"出流分解-逆向校正-产品约束-正向预报"的多源降雨与水文模型的耦合方法,一方面以实测流量校正降水产品模拟的产流,另一方面以多源降雨数据形成的动态区间约束校正的波动性。

4.1 方法概述

当以降水产品驱动水文模型时,显著的输入不确定性直接导致产流模拟误差显著。时段产流量作为洪水预报重要的中间变量,对降雨响应及时,且与流量之间的计算可概化为线性过程(如单位线汇流)。本章选用产流作为校正对象,不损失洪水预报的预见期,且只需线性逆向校正。

本耦合方法的主要步骤包含模型概化与出流分解、多源降雨约束下的逆向校正和正向预报。具体而言:①基于线性汇流原理将集总式水文模型汇流部分视为一个响应系统,将流域出流 Q 分解为每时段产流 NR_i 引起的系统响应 $q_{.,i}$;②对于任一时段,h 种降雨数据分别驱动水文模型可得 h 种 $q_{.,i}$,取其最大值和最小值作为校正的动态约束;③在动态约束内,以实时观测流量为基准线性校正产流的系统响应 $q_{.,i}$;④基于校正后的 $q_{.,i}$ 正向预报洪水。

4.2 水文模型概化与流域出流分解

集总式概念性水文模型包括两个部分,产流部分如式(4.1)所示,汇流部分如式(4.2)所示。

$$NR = NR(P, E, X_0, \boldsymbol{\theta}^R) \tag{4.1}$$

$$Q = Q(NR, \boldsymbol{\theta}^L) \tag{4.2}$$

其中，$\boldsymbol{NR}=[NR_1,NR_2,\cdots,NR_n]^T$ 是流域产流量时间序列；$\boldsymbol{P}=[P_1,P_2,\cdots,P_n]^T$ 是流域面平均雨量时间序列；$\boldsymbol{E}=[E_1,E_2,\cdots,E_n]^T$ 是流域面平均蒸发量时间序列；n 是降雨时间序列的长度，即场次降雨的持续时间；$\boldsymbol{Q}=[Q_1,Q_2,\cdots,Q_m]^T$ 是流域出口流量的时间序列；m 是流量时间序列的长度，即场次洪水的持续时间（$m>n$）；$\boldsymbol{\theta}^R$ 和 $\boldsymbol{\theta}^L$ 分别是水文模型产流部分的参数向量和汇流部分的参数向量，均为待率定的参数。

对于式(4.2)，若仅输入某一时段 i 的产流 NR_i 可得：

$$\boldsymbol{q}_{\cdot,i}=\boldsymbol{q}(NR_i,\boldsymbol{\theta}^L) \tag{4.3}$$

$$q_{j,i}=q(NR_i,\boldsymbol{\theta}^L,j) \tag{4.4}$$

其中，$\boldsymbol{q}_{\cdot,i}=[q_{1,i},q_{2,i},\cdots,q_{m,i}]^T$ 是汇流模型对 NR_i 的响应，即时段 i 的产流 NR_i 在流域出口形成的流量过程。受流域汇流的演进时间 δ 影响，由 NR_i 形成的出口流量应在 $i+\delta$ 开始出现，因此当 $j<i+\delta$ 时，$q_{j,i}=0$。

如图 4.1 所示，基于线性汇流原理，流域出口实际的流量过程可视为 n 个 $\boldsymbol{q}_{\cdot,i}$ 的叠加，如式(4.5)~(4.7)所示。

$$\boldsymbol{Q}=\sum_{i=1}^{n}\boldsymbol{q}_{\cdot,i} \tag{4.5}$$

即

$$\begin{cases} Q_1=q(NR_1,\boldsymbol{\theta}^L,1)+q(NR_2,\boldsymbol{\theta}^L,1)+\cdots q(NR_n,\boldsymbol{\theta}^L,1) \\ \quad=q_{1,1}+q_{1,2}+\cdots+q_{1,n} \\ Q_2=q(NR_1,\boldsymbol{\theta}^L,2)+q(NR_2,\boldsymbol{\theta}^L,2)+\cdots q(NR_n,\boldsymbol{\theta}^L,2) \\ \quad=q_{2,1}+q_{2,2}+\cdots+q_{2,n} \\ \quad\quad\quad\quad\quad\quad\quad\vdots \\ Q_m=q(NR_1,\boldsymbol{\theta}^L,m)+q(NR_2,\boldsymbol{\theta}^L,m)+\cdots q(NR_n,\boldsymbol{\theta}^L,m) \\ \quad=q_{m,1}+q_{m,2}+\cdots+q_{m,n} \end{cases} \tag{4.6}$$

矩阵形式为：

$$\boldsymbol{Q}=\boldsymbol{LA} \tag{4.7}$$

其中

$$A = [1, 1, \cdots, 1]^{\mathrm{T}}$$

$$L = \begin{bmatrix} q_{1,1} & q_{1,2} & \cdots & q_{1,n} \\ q_{2,1} & q_{2,2} & \cdots & q_{2,n} \\ \vdots & \vdots & \ddots & \vdots \\ q_{m,1} & q_{m,2} & \cdots & q_{m,n} \end{bmatrix}$$

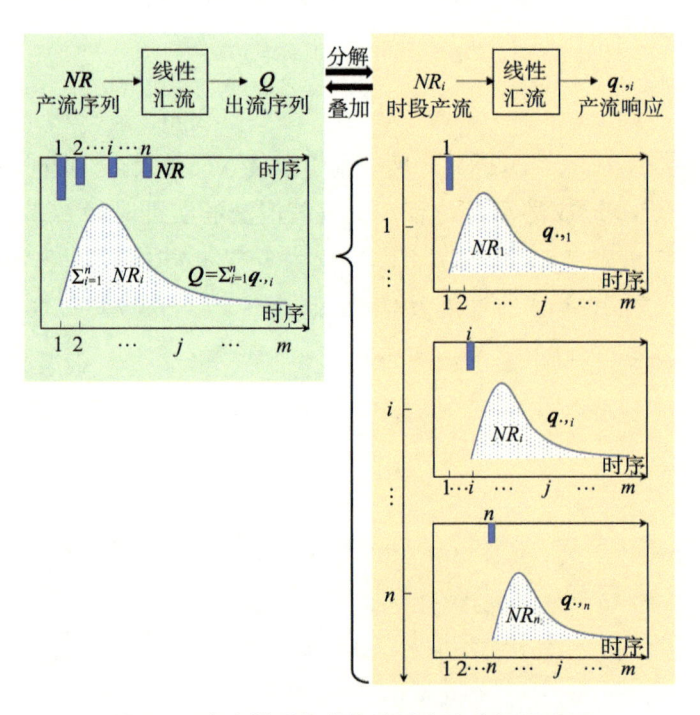

图 4.1　水文模型概化与流域出流分解示意图

L 的第 i 列是 NR_i 在流域出口形成的流量过程，类似单位线与时段产流的乘积，因此，可通过同时线性缩放 L 的第 i 列中的所有元素来校正 NR_i，换言之，逐列线性校正 L 即校正 NR。

4.3　多源降雨约束下的产流实时校正（M-C）

（1）基于多源降雨的校正约束

对于任一时段，可驱动水文模型的降雨数据有 h 种，其中 h 为大于 2 的整数。h 种降雨数据分别驱动式（4.1）的产流模型可得 h 种 $\mathbf{NR}$，即 $\mathbf{NR}^{(1)}$，$\mathbf{NR}^{(2)}$，$\cdots$，$\mathbf{NR}^{(h)}$。h 种 $\mathbf{NR}_i$ 分别驱动式（4.3）可得 h 种 $\boldsymbol{q}_{\cdot,i}$，即 $\boldsymbol{q}_{\cdot,i}^{(1)}$，$\boldsymbol{q}_{\cdot,i}^{(2)}$，$\cdots$，$\boldsymbol{q}_{\cdot,i}^{(h)}$，如图 4.2 所示，从而可得 h 种 $\mathbf{L}$，即 $\mathbf{L}^{(1)}$，$\mathbf{L}^{(2)}$，$\cdots \mathbf{L}^{(h)}$。校正 $\mathbf{L}$ 时，约束的上边界矩阵 $\overline{\mathbf{L}}$ 和下边界矩阵 $\underline{\mathbf{L}}$ 如式（4.8）~（4.9）所示。当可供选择的产品越多时，即 h 越大时，$\overline{\mathbf{L}}$ 和 $\underline{\mathbf{L}}$ 形成的约束的宽度越大，反之亦然。

$$\overline{\boldsymbol{L}} = \begin{bmatrix} \overline{q}_{1,1} & \overline{q}_{1,2} & \cdots & \overline{q}_{1,n} \\ \overline{q}_{2,1} & \overline{q}_{2,2} & \cdots & \overline{q}_{2,n} \\ \vdots & \vdots & \ddots & \vdots \\ \overline{q}_{m,1} & \overline{q}_{m,2} & \cdots & \overline{q}_{m,n} \end{bmatrix} \tag{4.8}$$

$$\underline{\boldsymbol{L}} = \begin{bmatrix} \underline{q}_{1,1} & \underline{q}_{1,2} & \cdots & \underline{q}_{1,n} \\ \underline{q}_{2,1} & \underline{q}_{2,2} & \cdots & \underline{q}_{2,n} \\ \vdots & \vdots & \ddots & \vdots \\ \underline{q}_{m,1} & \underline{q}_{m,2} & \cdots & \underline{q}_{m,n} \end{bmatrix} \tag{4.9}$$

其中

$$\overline{q}_{j,i} = \max(q_{j,i}^{(1)}, q_{j,i}^{(2)}, \cdots, q_{j,i}^{(h)})$$
$$\underline{q}_{j,i} = \min(q_{j,i}^{(1)}, q_{j,i}^{(2)}, \cdots, q_{j,i}^{(h)})$$

值得一提的是，h 种降雨数据可全部源自降水产品，因此本方法不依赖站点实测降雨，不仅可用于雨量站稀疏地区，还可用于无雨量站地区洪水预报。

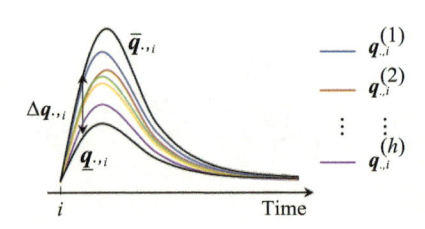

图 4.2　多源产品形成的区间作为校正约束示意图

(2) 逆向校正

在有约束的情况下，通过如式(4.10)所示的线性计算逐列校正 L。

$$q^c_{\cdot,i} = \underline{q}_{\cdot,i} + \alpha_i \Delta q_{\cdot,i} \tag{4.10}$$

其中，$q^c_{\cdot,i}$ 为校正后的 $q_{\cdot,i}$；$\Delta q_{\cdot,i} = \overline{q}_{\cdot,i} - \underline{q}_{\cdot,i}$；$\alpha_i \in [0,1]$ 是一个待求解的校正系数，α_i 越趋近于 1 说明 $q^c_{\cdot,i}$ 越趋近于上边界，α_i 越趋近于 0 说明 $q^c_{\cdot,i}$ 越趋近于下边界。由于

$$Q^c = \sum_{i=1}^{n} q^c_{\cdot,i} \tag{4.11}$$

所以

$$Q^c = \underline{L}A + \Delta L A' \tag{4.12}$$

其中，Q^c 为校正后的流量时间序列，$A = [1,1,\cdots,1]^T$，$A' = [\alpha_1, \alpha_2, \cdots, \alpha_n]^T$，$\Delta L = \overline{L} - \underline{L}$。

求解 A' 的目标是最小化校正后流量 Q^c 和观测流量 Q^{ob} 之间的差异 ε，根据最小二乘法按式(4.13)求解 A'。

$$\min_{A'} \varepsilon^T \varepsilon = \min_{A'} (Q^c - Q^{ob})^T (Q^c - Q^{ob}) \tag{4.13}$$

若解出 $\alpha_i < 0$，则说明 $q^c_{\cdot,i}$ 低于下边界，则令 $\alpha_i = 0$；若解出 $\alpha_i > 1$，则说明 $q^c_{\cdot,i}$ 高于上边界，则令 $\alpha_i = 1$。

洪水实时校正是在洪水发生过程中求解式(4.13)。若洪水发生了 j 个时段($j \leqslant n < m$)，则该场洪水的 Q^{ob} 有 j 个元素，根据矩阵运算原则，Q^c 中仅前 j 个元素参与求解式(4.13)，如式(4.14)所示。

$$\min_{\boldsymbol{A}'} \boldsymbol{\varepsilon}^\mathrm{T} \boldsymbol{\varepsilon} = \min_{\boldsymbol{A}'}(\boldsymbol{Q}^c_{(j)} - \boldsymbol{Q}^{ob})^\mathrm{T}(\boldsymbol{Q}^c_{(j)} - \boldsymbol{Q}^{ob})$$
$$= \min_{\boldsymbol{A}'}(\underline{\boldsymbol{L}}_{(j\times j)}\boldsymbol{A}_{(j)} + \Delta \boldsymbol{L}_{(j\times j)}\boldsymbol{A}'_{(j)} - \boldsymbol{Q}^{ob})^\mathrm{T}(\underline{\boldsymbol{L}}_{(j\times j)}\boldsymbol{A}_{(j)} + \Delta \boldsymbol{L}_{(j\times j)}\boldsymbol{A}'_{(j)} - \boldsymbol{Q}^{ob})$$
(4.14)

其中,$\boldsymbol{Q}^c_{(j)}$ 为 $\boldsymbol{Q}^c$ 的前 j 个元素;$\underline{\boldsymbol{L}}_{(j\times j)}$ 为 $\underline{\boldsymbol{L}}$ 的前 j 阶矩阵;$\Delta \boldsymbol{L}_{(j\times j)}$ 为 $\Delta \boldsymbol{L}$ 的前 j 阶矩阵。

令 $\boldsymbol{\varepsilon} = \boldsymbol{0}$,则

$$\underline{\boldsymbol{L}}_{(j\times j)}\boldsymbol{A}_{(j)} + \Delta \boldsymbol{L}_{(j\times j)}\boldsymbol{A}'_{(j)} = \boldsymbol{Q}^{ob} \tag{4.15}$$

因此

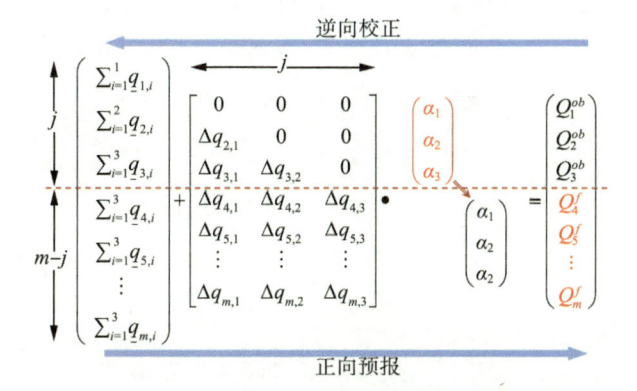

$$\boldsymbol{A}'_{(j)} = (\Delta \boldsymbol{L}_{(j\times j)}{}^\mathrm{T} \Delta \boldsymbol{L}_{(j\times j)})^{-1} \Delta \boldsymbol{L}_{(j\times j)}{}^\mathrm{T}(\boldsymbol{Q}^{ob} - \underline{\boldsymbol{L}}_{(j\times j)}\boldsymbol{A}_{(j)}) \tag{4.16}$$

图 4.3 有约束的产流实时校正和预报实例,以 $\delta=1, j=3$ 为例

图 4.3 以 $\delta=1, j=3$ 为例展示了多降雨约束下的产流实时校正和预报过程,每阶段的运算目的是求解图中红色元素,图中"逆向校正"阶段用实例展示了式(4.15)~(4.16)的运算。由于 $\Delta \boldsymbol{L}_{(j\times j)}$ 是严格下三角矩阵,$\boldsymbol{A}'_{(j)}$ 中仅前 $j-\delta$ 个元素有确定解(图 4.3 例中 α_1 和 α_2),余下的 δ 个元素(图 4.3 例中 α_3)的解不唯一。

(3) 正向预报

由图 4.3 例中"正向预报"阶段可以看出,计算未来流量过程 $[Q^f_{j+1},$

$Q_{j+2}^f, \cdots Q_m^f]^T$ 不仅需要 $\boldsymbol{A}'_{(j)}$ 中前 $j-\delta$ 个元素,还需要余下的 δ 个元素,因此,令 $\boldsymbol{A}'_{(j)}$ 中余下的 δ 个元素等于 $\alpha_{j-\delta}$,如图 4.3 例中红色箭头所示,如式 (4.17) 和 (4.18) 所示计算未来流量过程。

$$\begin{pmatrix} Q_{j+1}^f \\ Q_{j+2}^f \\ \vdots \\ Q_m^f \end{pmatrix} = \begin{pmatrix} \sum_{i=1}^{j} \underline{q}_{j+1,i} \\ \sum_{i=1}^{j} \underline{q}_{j+2,i} \\ \vdots \\ \sum_{i=1}^{j} \underline{q}_{m,i} \end{pmatrix} + \begin{bmatrix} \Delta q_{j+1,1} & \Delta q_{j+1,2} & \cdots & \Delta q_{j+1,j} \\ \Delta q_{j+2,1} & \Delta q_{j+2,2} & \cdots & \Delta q_{j+2,j} \\ \vdots & \vdots & \ddots & \vdots \\ \Delta q_{m,1} & \Delta q_{m,2} & \cdots & \Delta q_{m,j} \end{bmatrix} \begin{pmatrix} \alpha_1 \\ \vdots \\ \alpha_{j-\delta} \\ \vdots \\ \alpha_{j-\delta} \end{pmatrix}$$

(4.17)

$$\boldsymbol{Q}_{(m-j)}^f = \underline{\boldsymbol{L}}_{[(m-j)\times j]} \boldsymbol{A}_{(j)} + \Delta \boldsymbol{L}_{[(m-j)\times j]} \boldsymbol{A}'_{(j)} \qquad (4.18)$$

其中, $\underline{\boldsymbol{L}}_{[(m-j)\times j]}$ 和 $\Delta \boldsymbol{L}_{[(m-j)\times j]}$ 分别为 $\underline{\boldsymbol{L}}$ 和 $\Delta \boldsymbol{L}$ 的 $j+1 \sim m$ 行、$1 \sim j$ 列子矩阵; $\boldsymbol{Q}_{(m-j)}^f = [Q_{j+1}^f, Q_{j+2}^f, \cdots, Q_m^f]^T$ 是 $\boldsymbol{Q}^f$ 的子向量, $\boldsymbol{Q}^f$ 为预报流量序列。

随着时间的推移, j 不断增加, $\boldsymbol{Q}_{(m-j)}^f$ 和 $\boldsymbol{Q}^f$ 随之更新,当 $j>n$ 后,对于任意 $i \in [1,n]$, $\boldsymbol{q}_{\cdot,i}$ 均被校正,即完成了产流校正,预报流量序列 $\boldsymbol{Q}^f$ 完成更新。$\boldsymbol{Q}^f$ 的更新过程如图 4.4 所示,j 时段更新预报的是 $j+1 \sim m$ 时段的流量。

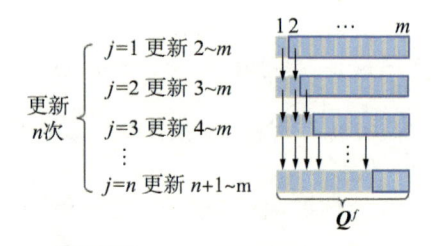

图 4.4 预报流量校正更新示意图

4.4 参数率定及验证

以预报流量序列Q^f的精度为目标率定水文模型参数。计算Q^f除了需要经过n次校正,还需要集总式水文模型及其参数θ^R和θ^L。水文模型参数率定如图4.5所示,即在参数率定过程中嵌入实时校正模型。

本书选用新安江模型作为本方法预报洪水所需的集总式概念性水文模型,选用粒子群优化算法优化率定水文模型参数,选用纳什系数NSE、峰现时间误差EPT、洪峰相对误差RFP以及洪量相对误差RFW评价洪水预报精度,选用能同时考虑上述4个指标的综合指标RMD为参数率定的优化目标。新安江模型、粒子群优化算法和洪水精度评价指标的介绍见5.2节。本书提出的方法对集总式水文模型、优化算法和优化目标的选用无特殊限制。

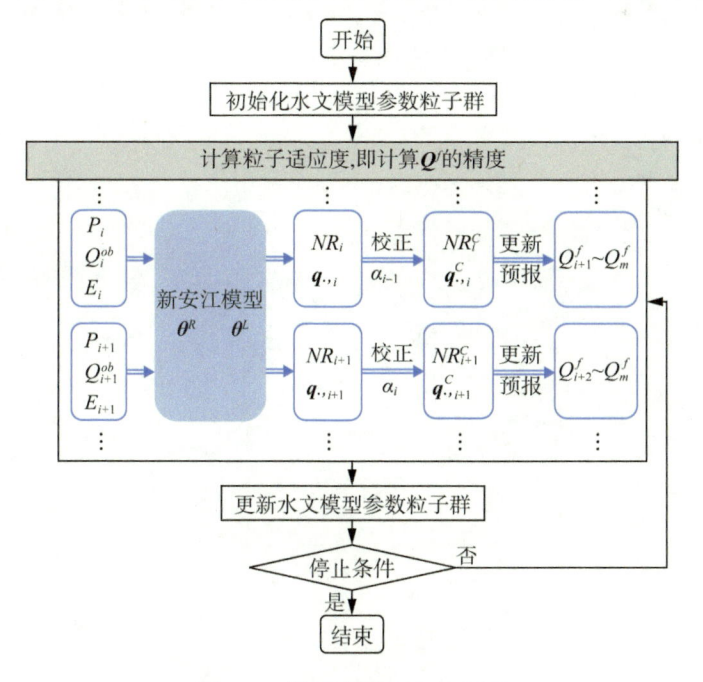

图4.5 模型参数率定流程图

4.5 本章小结

为深入耦合多源降雨和洪水预报校正从而控制输入不确定性,本书提出了动态约束下的多源降雨与水文模型的耦合方法(M-C),以实时观测流量线性校正产流,同时以多源降水产品形成的动态区间约束校正的波动性。创新之处在于,降雨输入是缺降雨资料地区洪水预报误差的最主要来源,降水产品直接驱动水文模型将导致显著的输入不确定性。为此,借鉴水文模型误差校正的思路,构建了"出流分解-逆向校正-产品约束-正向预报"的多源降雨与水文模型的耦合方法。先将流域出流分解为每时段产流引起的流量响应,再以高精度的实测流量实时校正多源产品模拟的产流,同时,为防止单源产品显著的误差导致的校正波动,以多源产品模拟的产流形成动态区间约束校正,最后用校正后的产流正向预报洪水。本方法不依赖实测雨量、预报精度高、稳定性较强、过拟合较弱且适用于不同流域。

第二部分 应用实践篇

5 研究区域及多源降水产品

雨量站测雨是目前最准确的降雨监测手段，但其测量值仅在雨量站附近具有代表性，测量真实降雨场需布设较为密集的雨量站网，世界气象组织（WMO）建议[14]山区站点密度为 250 km^2/站、平原为 900 km^2/站。但部分地区受地形、地理和经济等因素限制，雨量站网的布设和维护难度较大，该类地区通常无雨量站或雨量站网稀疏，导致雨量实测资料匮乏或在空间上不具备代表性，很大程度上阻碍了流域防洪工作的开展。在本书，站点密度满足 WMO 建议值的地区称为雨量站密集地区，站点密度稀于 1 000 km^2/站的地区称为雨量站稀疏地区，站点密度稀于 3 500 km^2/站的地区为雨量站极稀疏地区。

全球降水产品按获取时间可分为：预报产品、实时产品、近实时产品、标准产品、后处理产品和再分析产品。预报产品虽然一般用于延长洪水预报预见期，但短临预报产品精度与近实时遥感降水产品的精度相近[30]，因此，可将短临预报降水产品视为一种无滞时的降雨估计，与近实时遥感降水产品合作用于缺降雨资料地区的洪水预报。然而，基于遥感信号和气象模式的降水估计模型的结构、参数和状态均存在不确定性，降水产品误差难以避免。无/短滞时的降水产品由于未经实测降雨校准或降水估计算法经简化，其误差较后处理产品和再分析产品更为显著。尽管如此，得益于较强的时效性，无/短滞时降水产品可用于驱动日尺度的洪水预报，因此对雨量站稀疏地区至关重要。本书的主要研究任务为洪水预报，因此关注降水产品在汛期的降雨估计，故仅在叙述产品时采用"降水"一词，其余情况采用"降雨"一词。

本书选用了一个雨量站稀疏地区（区域 A）和一个雨量站密集地区（区域 B），其中区域 A 用于研究无雨量站地区、雨量站稀疏地区洪水预报方法，区域 B 用于评价降水产品和融合后降雨估计。同时，本书选用新安江模型作为洪水预报的基础模型,选用多种来源的 9 种无/短滞时的降水产品作为数据融合方法和洪水预报方法的驱动要素。

本章首先介绍区域 A 和区域 B 的基本概况,并预处理两个区域的水文实测资料;然后介绍新安江模型结构、参数率定方法和洪水预报精度评价指标;最后依据降水产品的信号源和估算原理分类介绍 9 种无/短滞时降水产品,并简要对比 9 种降水产品在区域 B 汛期的性能。

5.1 研究区域及资料整编

区域 A 和区域 B 均位于松辽流域。区域 A 位于内蒙古自治区北部,地理坐标范围为 121.73°E~123.88°E,48.83°N~50.61°N;区域 B 横跨吉林和辽宁两省,位于 123.48°E~128.32°E,40.11°N~42.31°N。松辽流域属温带大陆性季风气候区,冬季寒冷干燥,夏季湿润多雨,春季和秋季历时较短,年内降水分布极不均匀,降水量集中在 5—9 月,占年降水量 80% 以上。松辽流域平均每 2 至 3 年发生 1 次严重的洪涝灾害。

5.1.1 区域 A(雨量站稀疏地区)

(1) 区域 A 水文地理概况

区域 A 是位于诺敏河干流中游的小二沟水文站控制流域,面积 16 761 km²。诺敏河是嫩江西岸重要支流,发源于内蒙古自治区北部大兴安岭地区,先后流经小二沟水文站和古城子水文站,于黑龙江省甘南县辉龙图汇入嫩江干流,汇入点距下游重点防洪对象黑龙江省齐齐哈尔市 119.6 km。位于区域 A 西侧的大兴安岭山脉与嫩江流域东侧的小兴安岭形成喇叭口状地形,为气流抬升辐合创造了有利条件;此外,该流域地处陆地干冷气团和海洋暖湿气团交汇地带,盛夏季节易产生暴雨。因此,诺敏河流域是嫩江流域的主要暴雨中心之一。黑龙江省齐齐哈尔市作为我国重要的工业基地和粮食基地,是嫩江上游重点防洪保护对象。而上游尼尔基水库无法拦蓄诺敏河洪水,当诺敏河流域为降雨中心时,为保护齐齐哈尔市,尼尔基水库需在保证自身防洪标准的同时减少下泄流量,这对诺敏河洪水流量过程预报的精度和预见期均提出了较高要求。

区域 A 作为诺敏河流域最大的源头子流域,面积约占诺敏河流域总面积的 66.4%。然而区域 A 内未布设雨量站,因此诺敏河上游无法开展降雨-径流预报,仅能利用区域 A 出口的小二沟水文站的观测流量通过水动力模型演算古城子站的流量,预见期较短,增加了尼尔基水库的防洪调度难度。

(2) 区域 A 水文数据概况及预处理

本书收集了区域 A 的 2010—2019 年汛期(5—9 月)的日尺度水文数据,包括流域出口处小二沟水文站的观测流量、流域外临近的 22 个雨量站的观测雨量以及流域外临近的 3 个蒸发站的观测蒸发量,水文气象站点分布如图 5.1 所示。若不考虑流域外的雨量站,则区域 A 属于无降雨资料地区,无降雨资料地区的洪水预报方法在第 8 章开展研究;若考虑流域外附近雨量站的实测雨量,则区域 A 属于雨量站稀疏地区,雨量站稀疏地区的降雨场估计方法在第 7 章开展研究,雨量站稀疏地区的洪水预报方法在第 9 章开展研究。

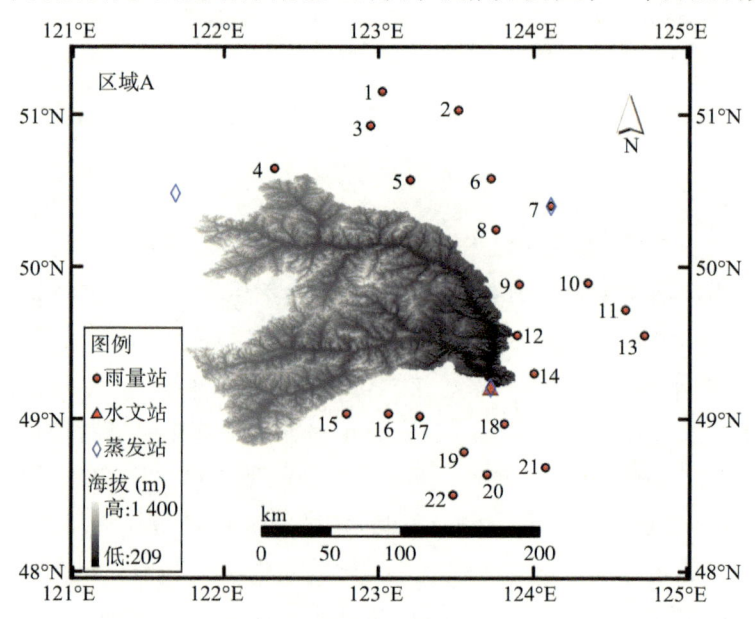

图 5.1 区域 A 地形及水文气象站点分布示意图

①实测日降雨数据

流域外临近的 22 个雨量站的基本信息包括站点名称、2010—2019 年日雨量最大测量值和汛期缺测率如表 5.1 所示。

表 5.1　区域 A 附近 22 个雨量站的基本信息

序号	站名	多年最大日雨量	汛期缺测率	序号	站名	多年最大日雨量	汛期缺测率
1	乌里特	62 mm	6.38%	12	桦林	111 mm	1.94%
2	乌拉库	91 mm	1.37%	13	巴彦	84 mm	2.10%
3	库尔滨	157 mm	1.37%	14	卧罗河	73 mm	6.95%
4	银阿	82 mm	1.21%	15	阿力格亚	82 mm	4.20%
5	吉文	114 mm	6.54%	16	小新力奇	123 mm	4.20%
6	阿里河	68 mm	6.38%	17	三号店林场	96 mm	4.20%
7	加格达奇	77 mm	6.54%	18	库如奇	74 mm	4.20%
8	阿里河森警	95 mm	1.94%	19	马河	107 mm	4.20%
9	河口	92 mm	6.79%	20	得力其尔	96 mm	4.20%
10	朝阳	66 mm	2.02%	21	阿尔拉	87 mm	4.20%
11	大杨树	63 mm	1.94%	22	东兴	137 mm	4.20%

实测日降雨数据预处理即将雨量站分配至 0.1°网格中,以方便本书后续对比、融合实测降雨数据与格状降水产品。如图 5.2 所示,图中网格即为 0.1°,填充为绿色的网格内包含一个雨量站。

采用流域外稀疏站点的实测雨量估算区域 A 的降雨空间分布和面雨量,经典做法为泰森多边形法。图 5.3 展示了基于区域 A 外稀疏站点划分的泰森多边形,可见在区域 A 临近流域的 22 个雨量站中仅 9 个雨量站(银阿、吉文、阿里河森警、河口、桦林、卧罗河、阿力格亚、小新力奇和三号店林场)的泰森多边形可覆盖区域 A。

②实测日流量数据

利用退水曲线将日流量过程划分为 18 场洪水,洪水特征多样,具备代表性。洪水特征如表 5.2 所示,降雨-径流变化过程如图 5.5 和图 5.6 所示。18 场洪水中第 1～12 场洪水用于率定水文模型参数,第 13～18 场洪水用于验证洪水预报效果。

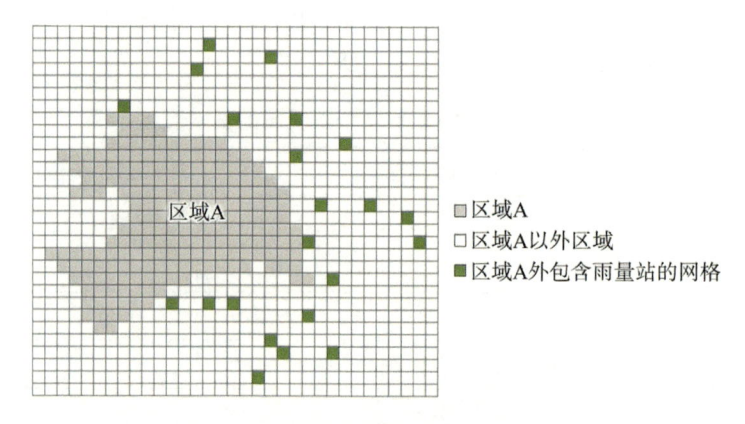

图 5.2　区域 A 日雨量数据预处理

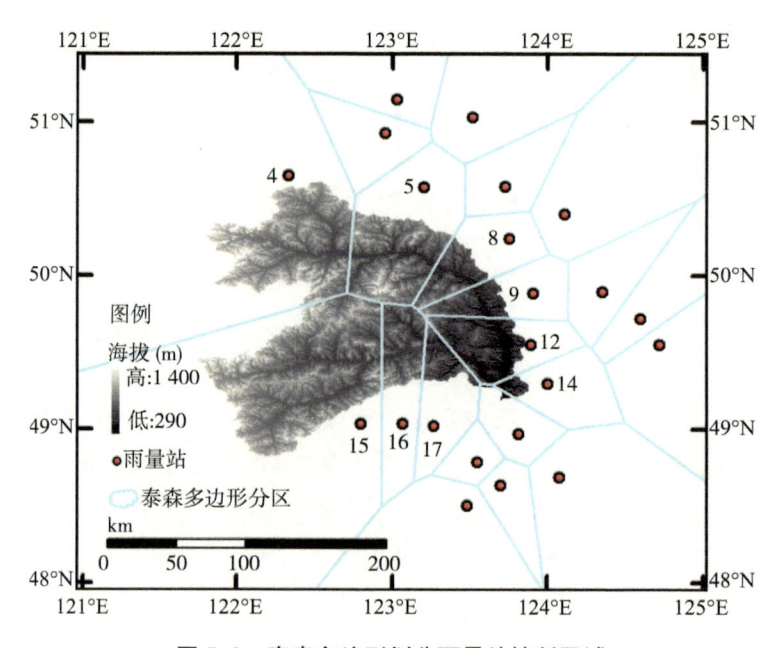

图 5.3　泰森多边形划分雨量站控制区域

率定期第 7 场和第 11 场为双峰洪水,洪峰分别为 1 031~1 093 m³/s 和 423~544 m³/s;余下 10 场为单峰洪水,其中第 4 场和第 6 场的洪峰较小(不超过 300 m³/s)、第 10 场的洪峰较大(1 389 m³/s)、其余 7 场洪水的洪峰为 449～676 m³/s。率定期洪水的洪水量级和流量过程种类丰富,有助于得到更具代表性的水文模型参数。

验证期的 6 场洪水也包含了不同量级洪水,第 13～15 场的洪峰较小(不超过 320 m³/s)、第 16～17 场洪峰为 499～632 m³/s、第 18 场的洪峰较大(1 244 m³/s)。验证期洪水种类丰富,可更客观地评价洪水预报的精度和水文模型参数的有效性。

表 5.2 区域 A 的 18 场洪水特征

序号	洪号	洪峰流量(m³/s)	洪峰出现时间	场次降雨持续时间
1	20100804	541	2010/8/25	2010/8/4—2010/8/25
2	20110601	634	2011/6/8	2011/6/1—2011/6/20
3	20110727	523	2011/8/4	2011/7/27—2011/8/11
4	20120611	247	2012/6/15	2012/6/11—2012/6/18
5	20120628	676	2012/7/6	2012/6/28—2012/7/19
6	20120720	279	2012/7/27	2012/7/20—2012/8/6
7	20130728	1 093 和 1 031	2013/8/2 和 2013/8/12	2013/7/28—2013/8/13
8	20140607	449	2014/6/16	2014/6/7—2014/7/3
9	20140704	563	2014/7/13	2014/7/4—2014/8/9
10	20140825	1 389	2014/8/29	2014/8/25—2014/9/2
11	20150606	423 和 544	2015/6/12 和 2015/6/23	2015/6/6—2015/7/20
12	20150721	465	2015/8/25	2015/7/21—2015/9/4
13	20160831	320	2016/9/20	2016/8/31—2016/9/28
14	20180604	248	2018/6/20	2018/6/4—2018/7/5
15	20180706	307	2018/7/17	2018/7/6—2018/7/24
16	20180729	499	2018/8/8	2018/7/29—2018/8/28
17	20180829	632	2018/9/10	2018/8/29—2018/9/23
18	20190820	1 244	2019/8/28	2019/8/20—2019/8/28

图 5.4 和图 5.5 分别展示了率定期和验证期区域 A 洪水的降雨-径流变化过程。可见流量变化过程多样：在率定期，第 1 场和第 12 场洪水起涨较慢，洪峰靠后，第 4 场和第 10 场洪水起涨较快，洪峰靠前；在验证期，第 14 场和第 15 场洪水起涨较慢，第 17 场洪水起涨相对较快。

图 5.4 和图 5.5 中降雨为流域外稀疏站点估计的区域 A 面雨量，洪水产流系数为 0.17~0.73，取值范围合理，说明流域外稀疏站点的观测雨量能在一定程度上反映区域 A 的场次降雨，但部分场次洪水的产流系数不合理，例

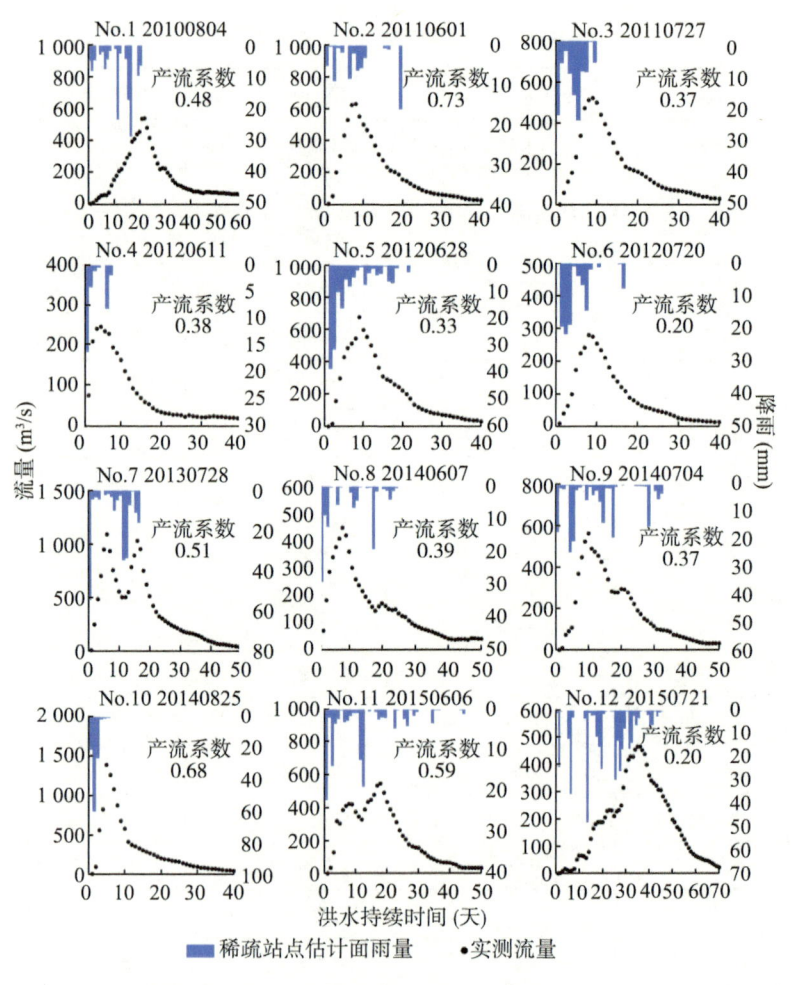

图 5.4　区域 A 洪水的降雨-径流过程（率定期）

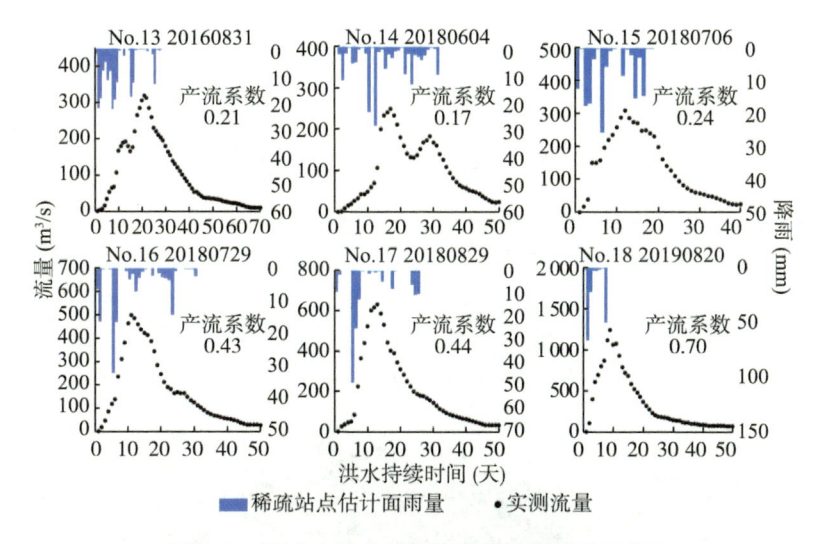

图 5.5　区域 A 洪水的降雨-径流过程（验证期）

如，第 12 场洪水为 2015 年的第二场洪水，产流系数仅为 0.2，低于历年第一场洪水的产流系数，表明在该场洪水期间，流域外稀疏站点的观测雨量不能代表区域 A 的降雨；同时，部分场次洪水降雨时间分布和流量变化过程不匹配，例如，第 2 场洪水洪峰前的降雨较小，洪峰后的降雨较大，流量却未起涨。因此，综合分析可见流域外稀疏站点的观测雨量难以准确地代表区域 A 的降雨。

③实测日蒸发数据

图 5.1 中 3 个蒸发站自西向东、自南向北分别为图里河站、加格达奇站和小二沟站。采用泰森多边形法估算区域 A 的面蒸发量。

④水文数据的三性审查

本书收集的流量和降雨数据均来自水利部松辽水利委员会，蒸发数据来自中国气象数据网的中国地面气候资料日值数据集（V3.0），数据具备可靠性；2010—2019 年区域 A 下垫面和气候条件未发生显著变化，数据具备一致性；洪水资料包括 10 年间大、中、小量级的 18 场洪水，数据具备代表性。

5.1.2 区域 B(雨量站密集地区)

区域 B 是松辽流域内某界河的中国侧集水区,区域面积 32 500 km²。本书收集了区域 B 内 624 个雨量站的 2013—2020 年汛期(5—9 月)的日尺度降雨数据,站点分布如图 5.6 所示,图中白色网格为 0.1°网格。区域 B 内雨量站点密集,在本书中的主要作用一是评价多源降水产品的时空精度,二是评价第 3 章提出的基于虚拟站点的多源降雨数据融合方法的有效性。

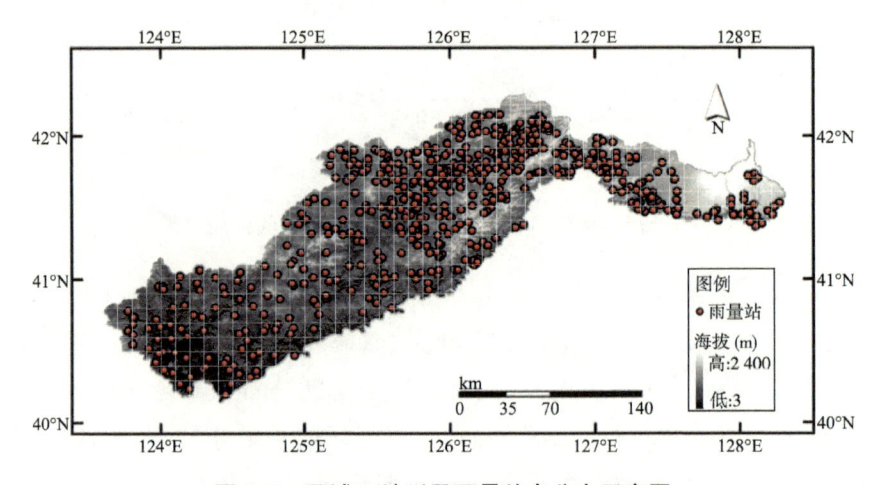

图 5.6 区域 B 地形及雨量站点分布示意图

区域 B 实测日雨量的预处理是将 624 个雨量站分配至 0.1°网格中,构建空间分辨率为 0.1°的每日实测雨量场。由于每日不同雨量的缺测情况不同,因此区域 B 实测日雨量的预处理需逐日进行,具体如下:对于任一日,若多个正常工作的雨量站位于同一网格,则取多雨量站实测值的平均值作为该格点实测雨量;若网格内无正常工作的雨量站,则取该网格周围最临近的四个网格的雨量平均值作为该格点的实测雨量;若网格内无正常工作的雨量站且最邻近网格内也无正常工作的雨量站,则该网格雨量记为缺测。区域 B 内每个 0.1°网格的汛期降雨缺测率如图 5.7 所示。

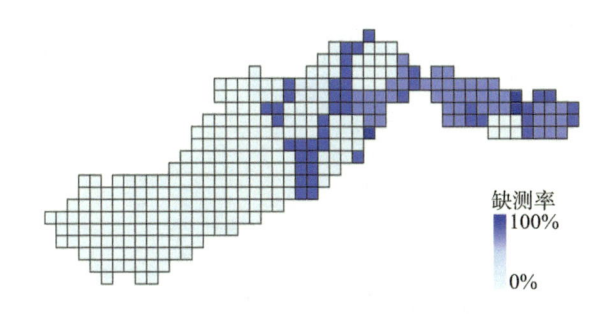

图 5.7　区域 B 内 0.1°网格汛期降雨缺测率

图 5.8 举例展示了区域 B 的 6 个实测降雨场,其中蓝色越深代表该 0.1°网格内的降雨量越大。6 天的降雨场空间分布差异明显,其中 2018-09-06 降雨场在区域 B 内分布均匀、2019-07-29 降雨场的降雨中心位于区域西部偏南侧边缘、2019-08-11 降雨场的降雨中心位于区域西部、2020-08-03 降雨场的降雨中心位于区域中部、2020-08-31 降雨场的降雨中心位于区域西部偏北侧边缘、2020-09-07 降雨场的降雨中心位于流域北部。可见区域 B 降雨空间分布多样,可以作为评价多源降水产品和数据融合方法的依据。

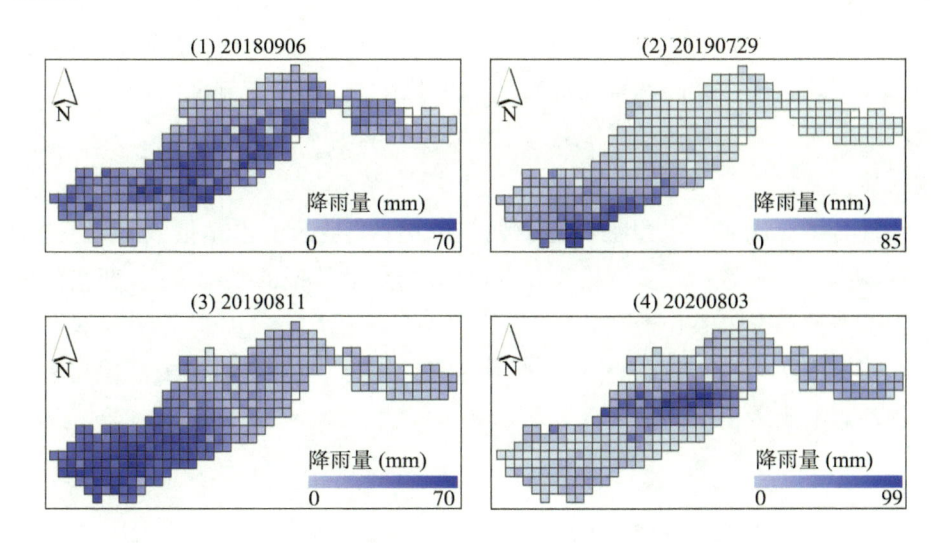

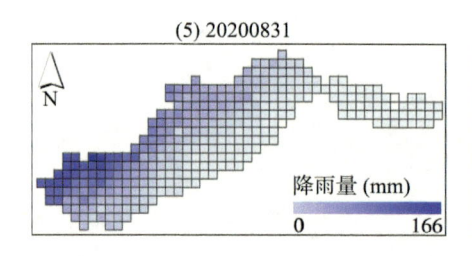

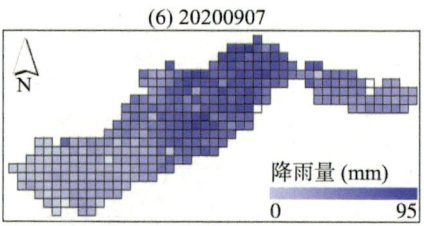

图 5.8　区域 B 实测降雨场举例

5.2　新安江模型概述

5.2.1　模型结构与参数

基于降雨的洪水预报包括两个关键过程,即产流过程和汇流过程。构建水文模型是描述流域产流过程和汇流过程的重要途径。集总式水文模型将流域概化为一个整体,对数据量需求较小,具有较明确的物理意义且结构简单便于应用;分布式水文模型考虑分析降雨和下垫面的空间异质性,但对数据量需求较大。受缺降雨资料地区的数据量限制,且考虑到缺降雨资料地区的产汇流机制受人类活动影响较小,本书提出的洪水预报方法主要基于集总式水文模型。

现有嫩江流域洪水预报研究表明,新安江模型的洪水预报效果好、适用性强,因此,本书选用新安江模型作为区域 A 洪水预报的基础模型,新安江模型的基本原理本书不作赘述,详细信息可参考文献[134—136]。图 5.9 展示了新安江模型结构示意图,图中符号代表模型参数,共 17 个,新安江模型参数的物理意义及取值范围如表 5.3 所示。

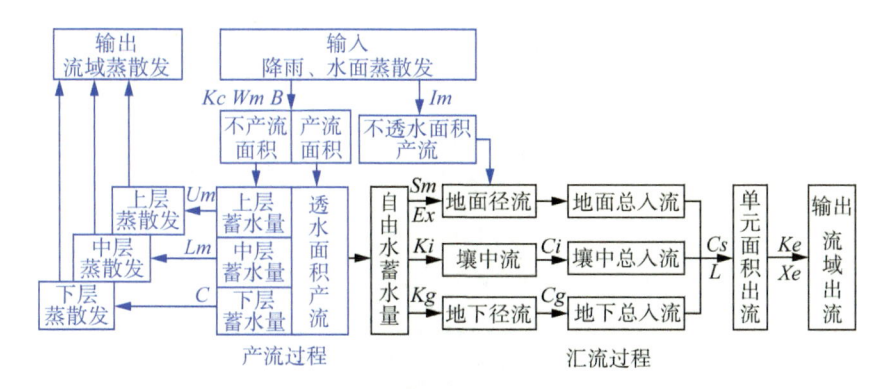

图 5.9　新安江模型结构示意图

由于蒸散发量在降雨阶段较小,因此降雨是新安江模型的主要驱动要素,若无法获取区域 A 周边流域的降雨资料,则区域 A 为无降雨资料地区,常规做法可采用降水产品驱动新安江模型;若考虑区域 A 周边流域的降雨资料,则区域 A 为雨量站稀疏地区,常规做法则可采用流域外稀疏站点估计的面雨量驱动新安江模型。

表 5.3　新安江模型参数

参数	物理意义	取值范围
Kc	流域蒸散发折算系数	0.6～1.2
Um	上层张力水容量(mm)	5～20
Lm	下层张力水容量(mm)	60～90
C	深层蒸散发折算系数	0.08～0.20
Wm	流域平均张力水容量(mm)	120～200
B	张力水蓄水容量曲线的方次	0.2～0.5
Im	不透水的面积占全流域面积的比例	0.01～0.05
Sm	表层自由水蓄水容量(mm)	10～50
Ex	表层自由水蓄水容量曲线方次	1.0～1.5
Ki	表层自由水蓄水库对壤中流的日出流系数	0～0.7
Kg	表层自由水蓄水库对地下径流的日出流系数	0～0.7

续表

参数	物理意义	取值范围
Ci	壤中流消退系数	0～0.99
Cg	地下水消退系数	0.900～0.998
Cs	河网蓄水消退系数	0～0.99
L	滞时	0～5.0
Xe	流量比重因子	0～0.49
Ke	河段传播时间	1～5

5.2.2 参数率定算法与目标

水文模型参数可描述流域的产汇流特性，对洪水预报的精度有重要意义。水文模型参数一般通过优化率定过程确定，即通过调整模型参数使模型模拟流量接近观测流量。本书选用粒子群优化算法作为率定参数的优化算法，算法流程图如图 5.10 所示，算法详细信息可参考文献[137]。

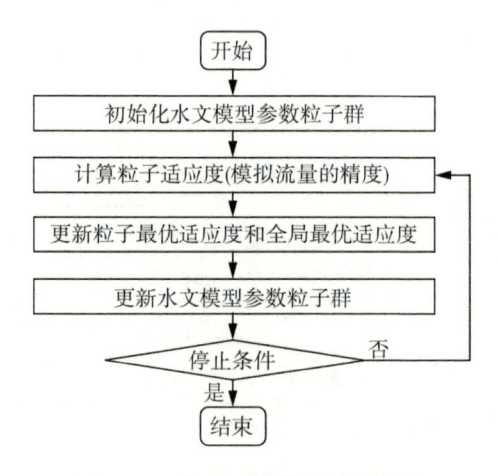

图 5.10 粒子群优化算法流程图

优化算法的目标选取是模型参数率定的关键。洪水预报精度的评价角度主要包括洪水过程拟合程度、洪峰精度以及洪量精度。因此，本书选用纳什系数 NSE、峰现时间误差 EPT、洪峰相对误差 RFP 以及洪量相对误差 RFW 评价洪水预报精度,并将上述四个指标等权重地融合为相对优属度 RMD 综合评价洪水预报精度,并以 RMD 为参数率定的优化目标。上述指标的计算方式如下:

首先,计算场次洪水的预报精度,如式(5.1)~(5.4)所示。

$$NSE = 1 - \frac{\sum_{j=1}^{m}(Q_j^f - Q_j^{ob})^2}{\sum_{j=1}^{m}\left(Q_j^{ob} - \frac{\sum_{j=1}^{m}Q_j^{ob}}{m}\right)^2} \tag{5.1}$$

$$EPT = t_{peak}^f - t_{peak}^{ob} \tag{5.2}$$

$$RFP = \frac{Q_{peak}^f - Q_{peak}^{ob}}{Q_{peak}^{ob}} \times 100\% \tag{5.3}$$

$$RFW = \frac{W^f - W^{ob}}{W^{ob}} \times 100\% \tag{5.4}$$

其中,Q_j^f 是时段 j 的预报流量;Q_j^{ob} 是时段 j 的观测流量;t_{peak}^f 和 t_{peak}^{ob} 分别为场次洪水的预报洪峰出现时间和观测洪峰出现时间;Q_{peak}^f 和 Q_{peak}^{ob} 分别为场次洪水的预报洪峰流量和观测洪峰流量;W^f 和 W^{ob} 分别为场次洪水的预报洪水总量和观测洪水总量。

然后,计算多场洪水的整体预报精度评价指标:①采用所有场次洪水流量计算纳什系数 NSE_{all},②场次洪水峰现时间误差 EPT 的绝对值的均值 $EPT_{平均}$,③场次洪水洪峰相对误差 RFP 的绝对值的均值 $RFP_{平均}$,④场次洪水洪量相对误差 RFW 的绝对值的均值 $RFW_{平均}$。

最后,分别将 NSE_{all}、$EPT_{平均}$、$RFP_{平均}$ 和 $RFW_{平均}$ 归一化后等权重地融合为综合精度指标 RMD,以 RMD 为参数率定的优化目标,$RMD \in [0,1]$,RMD 越大代表洪水预报精度越高。RMD 的计算如式(5.5)所示。

$$RMD = \frac{1}{1+\left\{\dfrac{(1-NSE'_{all})+(1-EPT'_{平均})+(1-RFP'_{平均})+(1-RFW'_{平均})}{NSE'_{all}+EPT'_{平均}+RFP'_{平均}+RFW'_{平均}}\right\}^2} \tag{5.5}$$

其中，NSE'_{all}、$EPT'_{平均}$、$RFP'_{平均}$ 和 $RFW'_{平均}$ 分别为归一化后的 NSE_{all}、$EPT_{平均}$、$RFP_{平均}$ 和 $RFW_{平均}$。

5.3 多源降水产品概述及对比

降水产品滞时应小于流域汇流时间和调度决策时间之和。具体而言，对于更注重流量预报的河道断面，降水产品滞时应小于流域汇流时间；对于更注重洪量预报的水库入库断面，产品滞时上限可在流域汇流时间的基础上根据水库调度决策目标适当延长。区域 A 的汇流时间超过 24 小时，且流域出口无水库控制，为配合临近流域的尼尔基水库的日尺度调度，区域 A 更关注日尺度流量预报，因此本书选用滞时不超过 12 小时的日尺度降水产品。

选取源自 7 家研发机构的 9 个无/短滞时版本的日尺度降水产品，分别是日本宇宙航空研究开发机构（JAXA）的 GSMaP-V6-NRT（GSMaP-N）和 GSMaP-V6-Gauge-NRT（GSMaP-GN）；美国航空航天局（NASA）的 IMERG-V6-Early（IMERG-E）和 IMERG-V6-Late（IMERG-L）；加州大学欧文分校（UCI）的 PERSIANN-CCS；中国气象局（CMA）、欧洲中期天气预报中心（ECMWF）、日本气象厅（JMA）和美国国家环境预报中心（NCEP）1 日预见期的降雨预报产品。产品研发机构和降水产品名称汇总如表 5.4 所示。由于短临预报产品精度与近实时遥感降水产品的精度相近，故将短临预报降水产品视为对落地雨无滞时的一类估计，为缺资料地区的洪水预报进一步补充降水产品种类。因此，本书仅基于落地雨的估计开展洪水预报研究，暂未利用短临预报产品的降雨预见期。

表 5.4　产品研发机构和降水产品名称

降水产品研发机构	降水产品全称	名称缩写
日本宇宙航空研究开发机构	Global Satellite Mapping of Precipitation	GSMaP

续表

降水产品研发机构	降水产品全称	名称缩写
美国航空航天局	Integrated Multi-satellite Retrievals for the Global Precipitation Measurement	IMERG
加州大学欧文分校	Precipitation Estimation from Remotely Sensed Information Using Artificial Neural Networks	PERSIANN
中国气象局	China Meteorological Administration	CMA
欧洲中期天气预报中心	European Centre for Medium-Range Weather Forecasts	ECMWF
日本气象厅	Japan Meteorological Agency	JMA
美国国家环境预报中心	National Centers for Environmental Prediction	NCEP

本书在选取多源降水产品时关注产品的多样性。根据估算降水需要的主要信号源和估算原理的特点，上述降水9种产品可分为3类：多传感器联合遥感降水产品、可见光/红外遥感降水产品以及气象模型模拟降水产品，产品分类概要如表5.5所示。9个无/短滞时版本的降水产品的基本信息如表5.6所示。可见光/红外反演降水的精度公认较低，但是目前我国风云系列卫星的主要反演手段，该类产品时效性高且与其他产品差异显著，在文中用于讨论产品误差干扰对结果的影响。

表5.5 无/短滞时降水产品的分类概要

类别	主要信息源	估算原理	产品名称
多传感器联合遥感	星载传感器的微波、可见光、红外信号	水汽对微波的散射和发射特征、云顶亮温与降水率之间的关系	GSMaP-N GSMaP-GN IMERG-E IMERG-L
可见光/红外遥感	星载传感器的可见光、红外信号	云顶亮温与降水率之间的关系	PERSIANN-CCS
气象模式模拟	陆地、海洋和高空观测的气象要素和通量	大气动力学方程	CMA ECMWF JMA NCEP

表 5.6　无/短滞时降水产品的基本信息

名称	起始时间	覆盖区域	时间分辨率	空间分辨率	可获取时间
GSMaP-N	2000.04	60°S~60°N	1时/1天	0.1°	滞后4时
GSMaP-GN	2000.04	60°S~60°N	1时/1天	0.1°	滞后4时
IMERG-E	2000.06	90°S~90°N	0.5时/1天	0.1°	滞后4时
IMERG-L	2000.06	90°S~90°N	0.5时/1天	0.1°	滞后12时
PERSIANN-CCS	2003.01	60°S~60°N	1时/1天	0.04°	滞后0.5时
CMA	2007.01	90°S~90°N	6时/1天	0.1°	提前1日
ECMWF	2006.10	90°S~90°N	6时/1天	0.1°	提前1日
JMA	2014.01	90°S~90°N	6时/1天	0.1°	提前1日
NCEP	2007.01	90°S~90°N	6时/1天	0.1°	提前1日

5.3.1　多传感器联合遥感降水产品

卫星遥感降水依赖的传感器主要包括搭载在地球同步卫星上的可见光/红外传感器和搭载在近地轨道卫星上的主动和被动微波传感器。与微波传感器相比，可见光/红外传感器的空间分辨率更高，搭载在地球同步卫星上使其覆盖范围更大，因此重访间隔更短；然而可见光/红外波长较短，穿透力较弱，在有云情况下，仅能探测到云顶及以上的大气辐射。根据降水的形成原理：若云顶亮温越低，则云层越厚，降水概率越大，然而实际降水通常发生在云体下部，利用云顶辐射推测云下降雨存在较大局限性。与可见光/红外遥感相比，微波波长较长，穿透力较强，探测能力不受云体影响。可基于水汽和水滴对微波传输过程的影响探测云体内部结构和降水强度，因此微波遥感方法具有更直接的物理基础，降水反演精度相对较高。因此，两类传感器的优势和劣势相互补充。多传感器联合遥感降水产品整合了不同传感器的优势，可兼顾降水估计的精度和时空分辨率，是目前主流降水产品，包括：TMPA、GSMaP、IMERG、CMORPH 和 NRLB 等。其中仅 GSMaP 和 IMERG 持续发布短滞时版本且保存历史降水估计，因此本书选取二者的短滞时版本 GSMaP-N、GSMaP-GN、IMERG-E 和 IMERG-L。

表 5.7 GSMaP-N、GSMaP-GN、IMERG-E 和 IMERG-L 反演算法对比

产品	微波反演算法	插值或变形依据	插值或变形矢量方向	是否经实测降雨校正
GSMaP-N	辐射转化模型（RTM）	相邻时段云顶亮温差异	向前	否
GSMaP-GN	辐射转化模型（RTM）	相邻时段云顶亮温差异	向前	是 NOAA/CPC
IMERG-E	戈达德剖面算法（GPROF）	基于大气数值模式的总可降水量相邻时段差异	向前	否
IMERG-L	戈达德剖面算法（GPROF）	基于大气数值模式的总可降水量相邻时段差异	向前和向后	否

GSMaP 和 IMERG 的主要信号源均基于 GPM（全球降水任务）卫星星座，因此它们属于新一代（GPM 时代）降水产品。GPM 的核心观测卫星由 NASA 和 JAXA 合作研发，用于接替发射于 1997 年的上一代 TRMM（热带雨量测量任务）卫星。GSMaP 和 IMERG 的多传感器联合反演方法均属于云迹法，即首先利用微波信号反演分辨率较低的降水时空分布，再利用可见光/红外测得的水汽移动矢量细化微波估计降水的时空分辨率，最后利用全球站点实测降水校正降水估计。因此，联合反演算法思路可概括为：①微波反演降水；②估计水汽移动矢量；③微波估计降水的插值或变形；④降水估计的校正。在此基础上，GSMaP-N、GSMaP-GN、IMERG-E 和 IMERG-L 各反演步骤的相同点和不同点如表 5.7 所示。

尽管多传感器联合遥感降水可以提高降水估计的精度，但由于近地轨道卫星的重访周期较长，即使多卫星合作，扫描一遍全球微波辐射也需要数小时，因此联合微波信号的降水反演降低了降水产品的时效性。在 https://sharaku.eorc.jaxa.jp/GSMaP/或 ftp://rainmap:Niskur+1404@hokusai.eorc.jaxa.jp/于降雨发生后 4 小时下载 GSMaP-N 和 GSMaP-GN。在 https://disc.gsfc.nasa.gov/datasets 于降雨发生后 4 小时下载 IMERG-E、于降雨发生后 12 小时下载 IMERG-L。

5.3.2 可见光/红外遥感降水产品

PERSIANN-CCS(Cloud Classification System)是 PERSIANN 的实时版本，主要依赖搭载在地球同步卫星上的可见光/红外传感器，利用云体分类辅助可见光/红外反演降水，可在 http://chrsdata.eng.uci.edu/实时下载。

PERSIANN-CCS 利用人工神经网络(ANN)建立了不同云体类型下云顶亮温与降水率之间的关系曲线，模型训练采用星载降水雷达、地基降水雷达和雨量站的数据。在降水反演过程中，利用计算机图像处理识别技术，在云体可见光图像中提取几何形状、顶部纹理、演变动态和高度等云体属性，并基于云体属性对云体分类；对于每个像素块，根据像素内云体类型对应的云顶亮温与降水率关系曲线，由红外遥感的云顶亮温检索降水率。PERSIANN-CCS 的空间分辨率为 0.04°，为与其他降水产品的空间分辨率保持一致，本书采用临近累加的方式将其预处理为 0.1°。

5.3.3 气象模式模拟降水产品

气象模式模拟降水产品是在给定的大气和陆地初值和边界条件下，利用数值计算方法求解大气动力学方程，从而预测大气的演变动态并估计预见期内的全球降水量。气象模式常见的初值和边界条件包括：海洋和陆地的常规气象要素，例如，温度、气压、湿度、降水、风速、风向、地表通量、虚温通量、水汽通量等；高空气象观测要素，例如，大气温度、净辐射等。大气的混沌性导致初始场和数值模式的微小误差会在很大程度上影响预报结果，然而初值和边界条件存在观测误差、数值模式分辨率有限、物理模型参数化假设尚不完备等因素都降低了降水估计的准确性。

各国气象中心采用不同的数值模式、初值扰动方式和模式扰动方式提高气象模式模拟降水产品的准确性并描述降水估计的不确定性。TIGGE 数据集包含来自全球 10 个国家或地区的气象中心的 28 种气象要素预报信息，是 THORPEX(观测系统研究和可预测性试验)计划的重要组成部分。本书选取的中国(CMA)、欧洲(ECMWF)、日本(JMA)和美国(NCEP)1 日预见期的降雨预报产品均源自目前使用最广泛的 TIGGE 数据集，可在 https://apps.

ecmwf.int/datasets/data/tigge 下载,并在下载步骤中选择 0.1°空间分辨率。

5.3.4 多源降水产品性能对比

本书的主要研究任务为洪水预报,因此关注降水产品在汛期的性能。区域 B 实测雨量资料丰富,因此在区域 B 以实测雨量为基准对比多源降水产品。

(1) 降水产品空间分布对比

图 5.11 展示了 2019 年 7 月 29 日区域 B 的多源降水产品空间分布和实测降雨场,该日实测降雨场的降雨中心位于区域西部偏南侧边缘,最大雨量为 85 mm;本书选取的 9 种降水产品中,仅 IMERG-E 和 IMERG-L 的降雨中心雨量与实测降雨中心雨量相近,分别为 72 mm 和 82 mm,其余 7 种降水产品的均显著低估了降雨量,降雨中心雨量介于 19 mm 和 63 mm 之间;但在降雨空间分布方面,多源降水产品均估计该日降雨中心位于区域 B 西部,其中气象模式模拟降水产品(CMA、ECMWF、JMA 和 NCEP)的降雨中心与实测降雨场更接近。

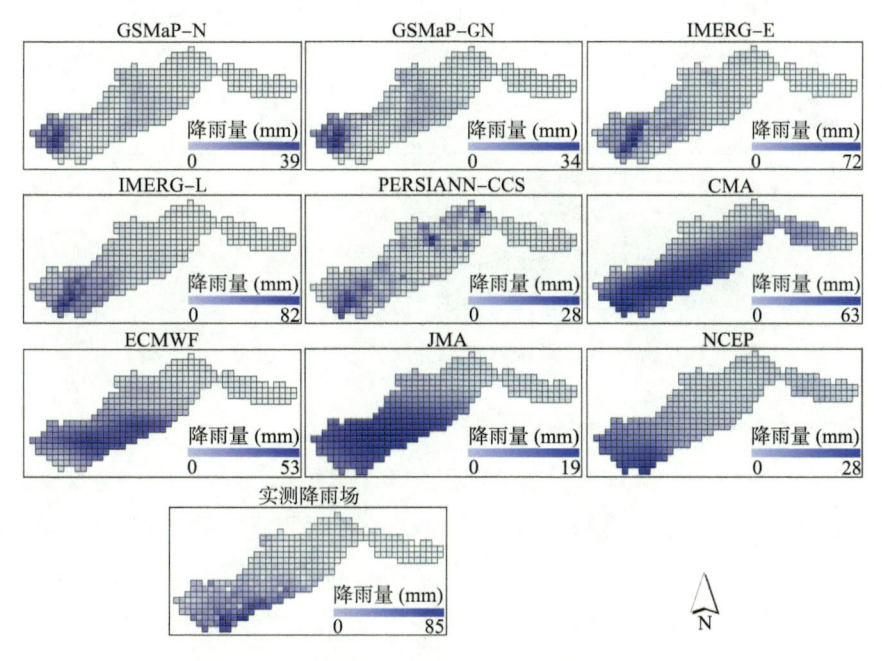

图 5.11 区域 B 多源降水产品空间分布举例(2019－07－29)

图 5.12 展示了 2020 年 8 月 31 日区域 B 的多源降水产品空间分布和实测降雨场,该日实测降雨场的降雨中心位于区域西部偏北侧边缘,降雨中心雨量为 166 mm;本书选取的 9 种降水产品均显著低估了降雨量,降雨中心雨量介于 26 mm 和 76 mm 之间;在降雨空间分布方面,除 CMA 和 ECMWF 外的 7 种降水产品均能较好的估计该日区域 B 的降雨空间分布。综合两日的降雨空间分布可见,本书选取的多源无/短滞时降水产品在观测降雨空间分布方面具有优势。

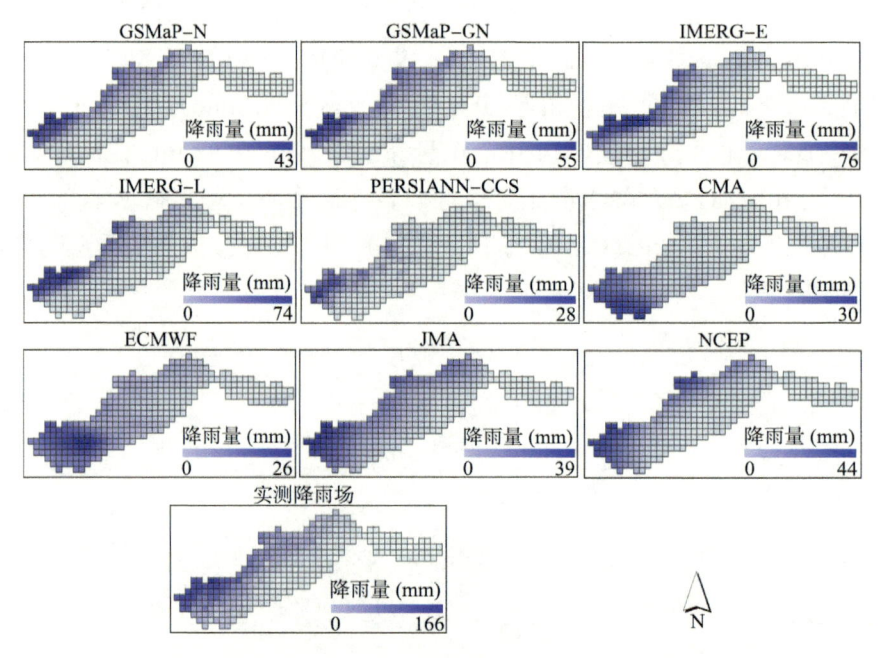

图 5.12　区域 B 多源降水产品空间分布举例(2020 - 08 - 31)

(2) 降水产品汛期精度对比

在有实测降雨的时段和位置,利用精度评价指标量化产品与站点观测降雨的差异。区域 B 的实测降雨资料为 2013—2020 年,待评价的 9 种无/短滞时降水产品中除 JMA 始于 2014 年,其余产品的估计记录均能覆盖区域 B 的实测降雨序列。因此,评价 9 种降水产品 2014—2020 年在区域 B 的汛期(5—9 月)精度。

本书采用皮尔逊相关系数 CC 和均方根误差 RMSE 作为产品精度评价指标,其中 CC 为越大越优目标,RMSE 为越小越优目标,计算方式如式(5.6)~(5.7)所示。

$$CC = \frac{\sum_{i=1}^{n}\sum_{k=1}^{b}(P_{i,k}^{ob}-\widetilde{P}^{ob})(P_{i,k}^{s}-\widetilde{P}^{s})}{\sqrt{\sum_{i=1}^{n}\sum_{k=1}^{b}(P_{i,k}^{ob}-\widetilde{P}^{ob})^2}\sqrt{\sum_{i=1}^{n}\sum_{k=1}^{b}(P_{i,k}^{s}-\widetilde{P}^{s})^2}}$$

(5.6)

$$RMSE = \sqrt{\frac{\sum_{i=1}^{n}\sum_{k=1}^{b}(P_{i,k}^{s}-P_{i,k}^{ob})^2}{nb}} \quad (5.7)$$

其中

$$\widetilde{P}^{\cdot} = \frac{\sum_{i=1}^{n}\sum_{k=1}^{b}P_{i,k}^{\cdot}}{nb}$$

$P_{i,k}^{ob}$ 为雨量站在时段 i、格点 k 的实测降雨量;$P_{i,k}^{s}$ 为产品 s 在时段 i、格点 k 的降雨量估计;n 为时段总数;b 为格点总数;nb 是待评价降雨序列总长度。

部分降水产品在个别日缺测,因此降水产品的待评价序列长度不一致。本书评价降水产品采用两种方式:①不预处理产品时间序列,计算不同产品的评价指标时,待评价时段总数 n 各不相同。②预处理产品序列,若某日存在任一产品缺测情况,则该日所有产品不参与评价,从而使所有产品待评价序列长度一致。两种方式得到的产品评价指标近似相等,以下展示第二种方式的评价结果。

在结果展示与分析中,本书采用相近颜色代表来源相似的产品,具体而言,第一类多传感器联合遥感降水产品为黄色,其中橘黄色代表 GSMaP 的两个近实时版本,金黄色代表 IMERG 的两个近实时版本;第二类可见光/红外遥感降水产品 PERSIAN-CCS 为紫色;第三类气象模型模拟降水产品为绿色。

图 5.13 用泰勒图展示了 9 种降水产品的 CC、RMSE 和标准差,图中一个散点代表一种降水产品。在 3 类降水产品中,精度最高的是多传感器联合遥感降水产品,其中 IMERG-L 的精度略高于 IMERG-E,GSMaP-GN 的精度

略高于 GSMaP-N，IMERG 的精度略高于 GSMaP；其次是气象模式模拟降水产品，各产品按精度从高到低排序是 JMA、ECWMF、NCEP、CMA，其中 ECWMF 的 CC 略优于 NCEP，NCEP 的 $RMSE$ 略优于 ECWMF，因此 ECWMF 和 NCEP 的精度相似；精度最低的是可见光/红外遥感降水产品，PERSIANN-CCS 的 $RMSE$ 与 CMA 和 ECWMF 相似，但是其 CC(0.35)远低于其他 8 种降水产品(0.54~0.71)。

泰勒图中散点距离越近，则相应产品的表现越相似。在 9 种降水产品中，表现相似的产品有：GSMaP-N 和 GSMaP-GN、GSMaP-N 和 JMA、ECWMF 和 CMA。

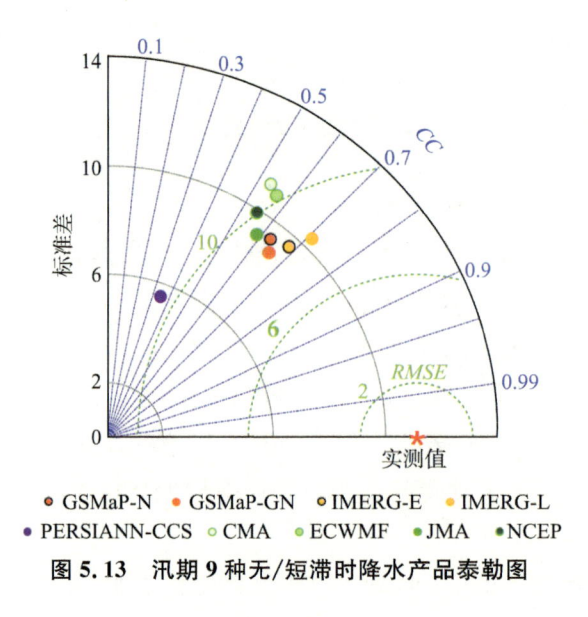

图 5.13　汛期 9 种无/短滞时降水产品泰勒图

5.4　本章小结

本章首先介绍了本书研究区域的水文地理概况和水文实测资料概况，然后概述了本书洪水预报的基础水文模型，最后分类介绍了 9 种无/短滞时的降水产品并简要对比了 9 种产品的汛期性能。

（1）本书的研究区域均位于松辽流域,其中区域 A 面积为 16 761 km² 却未布设雨量站,仅临近流域布设了少量雨量站,区域 A 用于开展无雨量站地区、雨量站稀疏地区洪水预报方法研究;雨量站密集的区域 B 用于评价降水产品、融合后降雨精度。

（2）本书选用新安江模型作为区域 A 洪水预报的基础模型,选用粒子群优化算法率定水文模型参数,选用纳什系数、峰现时间误差、洪峰相对误差、洪量相对误差和综合精度指标评价洪水预报精度。

（3）依据反演信号源和估算原理,本书将选用的 9 种无/短滞时的降水产品分为多传感器联合遥感降水产品、可见光/红外遥感降水产品以及气象模型模拟降水产品,并介绍了各降水产品之间的相同点和不同点。以区域 B 为例,采用皮尔逊相关系数 *CC*、均方根误差 *RMSE* 评价汛期 9 种降水产品精度。

6 多源降水产品融合潜力的量化方法研究

本章基于以多源降水产品形成的动态区间为评价对象的融合潜力量化方法，量化基于9种降水产品的502个降水产品组的融合潜力；然后，变化融合潜力量化指标中的参数，分析参数对降水产品融合潜力的影响；最后，通过分析产品组的融合潜力与该组产品融合后的降雨精度之间的一致性，验证融合潜力量化指标的有效性。

以稀疏雨量站的实测值为基准量化产品组合的融合潜力，对于区域 A，稀疏雨量站为临近流域的雨量站，如图 5.4 所示；对于区域 B，稀疏雨量站为任选的 10 个缺测率低于 2% 的雨量站，平均布设密度为 3 250 km²/站，如图 6.1 所示。验证融合潜力量化指标的有效性时，稀疏雨量站也被用于融合方法的训练。可供选择的降水产品为 5.3 节介绍的 9 种无/短滞时降水产品，每组产品中至少包含 2 种产品，至多包含 9 种产品，因此共有 502 组产品（$\sum_{s=2}^{9} C_9^s = 502$），组合中包含的产品数量与相应的组合数如表 6.1 所示。

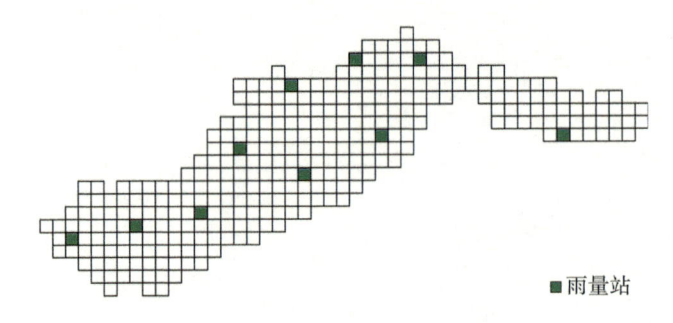

图 6.1 区域 B 用于量化融合潜力和训练融合模型的稀疏雨量站分布

表 6.1　组合中包含的产品数量与相应的组合数量

组合中产品数量	组合数量	组合中产品数量	组合数量
2	36	6	84
3	84	7	36
4	126	8	9
5	126	9	1

6.1　多源降水产品融合潜力量化结果

本节以 $PMOI$ 的权重等于 0.6 为例量化多源降水产品组合的融合潜力。

首先,采用相对指标和绝对指标两种方式量化 502 个产品组合的融合潜力,即任一产品组合 γ 的融合潜力的相对指标和绝对指标分别记为 MU_γ^{re} 和 MU_γ^{ab}。$MU^{re} = [MU_1^{re}, MU_2^{re}, \cdots, MU_{502}^{re}]$ 和 $MU^{ab} = [MU_1^{ab}, MU_2^{ab}, \cdots, MU_{502}^{ab}]$ 的相关系数在区域 A 和区域 B 均为 0.98,意味着 502 个产品组合依据 MU_γ^{re} 和 MU_γ^{ab} 的排序仅存细微差别。以区域 B 为例,MU_γ^{re} 最优的产品组合是 GSMaP-GN、IMERG-L、ECMWF 和 JMA,该组合的 MU_γ^{ab} 在 502 个组合中自优至劣排序第 7;MU_γ^{ab} 最优的产品组合是 GSMaP-GN、IMERG-L、CMA 和 JMA,与 MU_γ^{re} 最优的产品组仅相差一种产品,该组合的 MU_γ^{re} 在 502 个组合中自优至劣排序第 13。因此,为简化叙述,不再区分相对指标与绝对指标。

量化了 502 个产品组合在区域 A 和区域 B 的日降雨量融合潜力,区域 A 和区域 B 融合潜力的相关系数为 0.92,虽存在差别,但有较高相似性。为简化叙述,以区域 B 为例分析多源产品融合潜力的量化结果。

502 组降水产品在区域 B 的融合潜力在图 6.2 中按组合中产品数量分类展示,图中一个散点代表一组产品,图中还标记了相同产品数量下融合潜力的最优值、最劣值和中位数。相同产品数量下融合潜力的中位数与产品数量

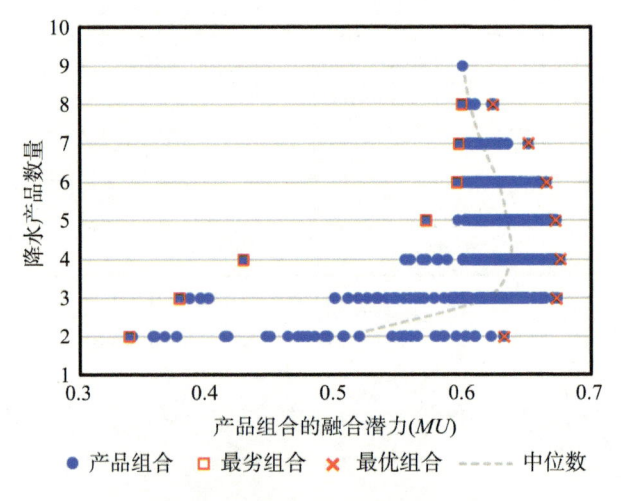

图 6.2　各产品组合的融合潜力

的关系用灰色虚线表示。由灰色虚线可知,总体上,随着组合中产品数量增多,产品组合的融合潜力先显著提高;但当产品数量大于 4 种时,产品组合的融合潜力缓慢降低;当 9 种产品全部选用时,该组合的融合潜力甚至小于产品数量等于 2 种时的最优组合(IMERG-L 和 ECMWF)。组合中产品数量一定时的最优和最劣产品组合分别用方框和叉号散点表示。由方框散点可知,随着组合中产品数量增多,最劣组合的融合潜力先显著提高;当产品数量大于 6 种时,最劣组合的融合潜力几乎不变。由叉号散点可知,随着组合中产品数量增多,最优组合的融合潜力先显著提高;当产品数量介于 3 种和 5 种时,最优组合的融合潜力几乎不变;当产品数量大于 5 种时,最优组合的融合潜力逐渐降低。组合中产品数量越多,最优和最劣产品组合的融合潜力相差越小。

表 6.2　产品数量一定时融合潜力最优和最劣的产品组

产品数量	最优产品组	最劣产品组
2		
3		
4		

续表

产品数量	最优产品组	最劣产品组
5	🟧🟨🟩🟩	🟪🟩🟩🟩
6	🟧🟧🟨🟩🟩	🟧🟪🟩🟩🟩
7	🟧🟧🟨🟩🟩🟩	🟧🟧🟪🟩🟩🟩
8	🟧🟧🟨🟪🟩🟩🟩	🟧🟧🟪🟩🟩🟩🟩

注：🟧🟧🟨🟪🟩🟩🟩🟩 分别代表 GSMaP-N、GSMaP-GN、IMERG-E、IMERG-L、PERSIANN-CCS、CMA、ECMWF、JMA 和 NCEP。

产品数量一定时，融合潜力最优和最劣的产品组合的组成如表6.2所示。当仅选2种产品时，融合潜力最优的产品组合是 IMERG-L 和 ECMWF，最劣的产品组合是 CMA 和 ECMWF。可见，即使两个组合中都包含 ECMWF，两个组合的融合潜力也存在显著差异。一方面，由5.3.4节可知 IMERG-L 的精度明显高于 CMA；另一方面，就产品反演信号和反演原理的差异而言，IMERG-L 与 ECMWF 的差异比 CMA 与 ECMWF 的差异更显著。组合中产品数量为2~4种时，最劣产品组中的产品均为气象模型模拟降水产品，产品精度较低且来源单一，而最优产品组中的产品不仅包含气象模式模拟降水产品，还包含2种来源的多传感器联合遥感降水产品。若选用可见光/红外遥感降水产品 PERSIANN-CCS，虽能显著增加降水产品的多样性，但该产品的精度显著低于其他降水产品，因此最优产品组未包含 PERSIANN-CCS。组合中产品数量为5~6种时，最劣产品组在4种气象模型模拟降水产品的基础上依次选用了 PERSIANN-CCS 和 GSMaP-N。在区域B，PERSIANN-CCS 和 GSMaP-N 是除气象模型模拟降水产品外精度最低的两种降水产品。组合中产品数量为7~8种时，产品数量的增多导致组合中产品来源多样，因此，最优产品组和最劣产品组的融合潜力差异主要由产品精度的差异导致，最劣产品组中包含了精度最差的 PERSIANN-CCS，而最优产品组中排除了该产品。综上可见，本书提出的多源降水产品融合潜力量化指标能够在评价降水产品组时兼顾组合中产品的准确性和多样性。

6.2 不同目标侧重下的产品组合的融合潜力分析

融合潜力量化指标中包含相互竞争的两个部分,产品区间对实测降雨的覆盖程度 PMOI 和区间的宽度 RB,二者的权重会影响融合潜力的量化,因此,本节以区域 B 的日降雨量为例,分析了不同目标侧重条件下多源降水产品的融合潜力。

图 6.3 中每个散点代表一组产品,展示了 502 个产品组合的 PMOI 和 RB。各产品组合的 PMOI 分布范围为 0.1~0.7,表明观测值超出区间的距离平均为 0.1~0.7 倍的观测值;各产品组合的 RB 分布范围为 0.2~2.2,表明区间宽度平均为 0.2~2.2 倍的观测值。PMOI 和 RB 的竞争关系明显,且

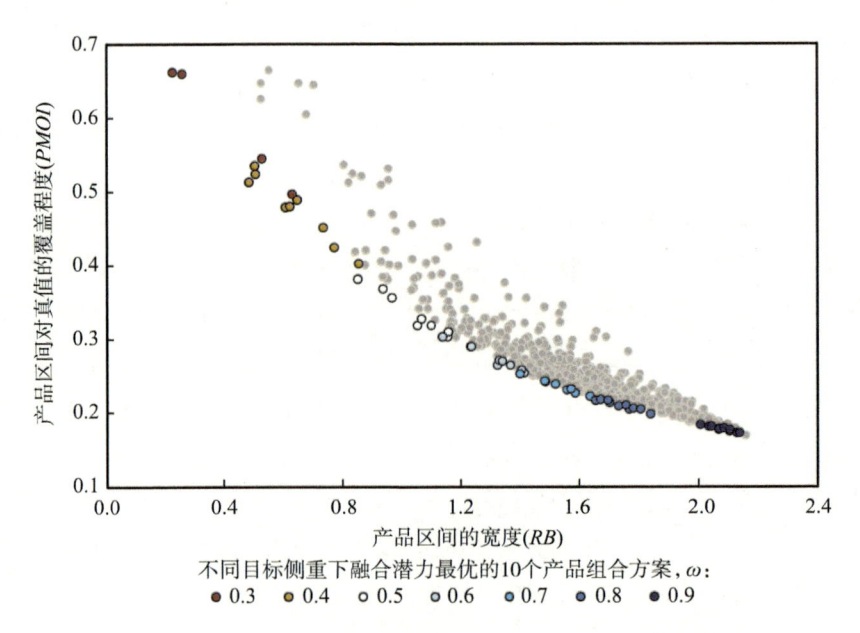

图 6.3　产品区间对实测降雨的覆盖程度 PMOI 和区间的宽度 RB

散点存在较为明显的下包线。在 $PMOI$ 相同的情况下,RB 越小的产品组合方案的融合潜力越好;在 RB 相同的情况下,$PMOI$ 越小的产品组合方案的融合潜力越好。因此,下包线散点代表的产品组合的融合潜力优于其他方案。

设置 $PMOI$ 的权重 ω 为 0.3、0.4、0.5、0.6、0.7、0.8 以及 0.9 分别计算 502 个产品组合的融合潜力 MU,每种权重条件下 MU 最优的 10 个产品组合的 $PMOI$ 和 RB 标记在图 6.3 中,可见,不同权重下 MU 最优的 10 个产品组合均位于散点下包线。随着 ω 由 0.3 增大至 0.9,代表 MU 最优的 10 个产品组合的散点由图中左上角滑动至右下角,即 $PMOI$ 逐渐减小的同时 RB 逐渐增大。当 ω 为 0.3 时,MU 最优的 10 个产品组合的 $PMOI$ 为所有方案中的最大值,RB 为所有方案中的最小值;当 ω 为 0.9 时,MU 最优的 10 个产品组合的 $PMOI$ 约为所有方案中的最小值,RB 约为所有方案中的最大值。

表 6.3 展示了不同权重下融合潜力最优的产品组合的组成。可见,随着 ω 由 0.3 增大至 0.9,即覆盖程度 $PMOI$ 的重要程度增加,融合潜力最优产品组合的产品数量逐渐增多,最优组合的 $PMOI$ 由 0.49 降低至 0.18,RB 由 0.51 提高至 2.07。当 ω 为 0.3 或 0.4 时,融合潜力最优的产品组合为 GSMaP-GN 和 IMERG-L,随着 ω 由 0.5 增大至 0.9,最优组合在 GSMaP-GN 和 IMERG-L 的基础上依次加入 JMA、ECMWF、IMERG-E、NCEP、CMA 和 PERSIANN-CCS。可见,当 ω 小幅变化时,最优组合的产品组成小幅变化。

具体而言,在首选 GSMaP-GN 和 IMERG-L 的情况下,优先加入 JMA 或 ECWMF 比加入 GSMaP-N 或 IMERG-E 更能增强组合中产品的多样性,从而增大产品区间对实测降雨的覆盖程度。当 ω 为 0.8 或 0.9 时,$PMOI$ 显著重要于 RB 时,融合潜力最优的产品组合中以精度较低的气象模式模拟产品为主,当 ω 为 0.9 时,区间宽度 RB 的重要性较弱,产品组合可通过增加区间宽度提高覆盖度,因此最优组合中甚至包含了精度最差的可见光/红外遥感降水产品 PERSIANN-CCS。

表 6.3　不同权重下融合潜力最优组合的产品组成

$PMOI$ 的权重	RB 的权重	最优组合的产品组成	$PMOI$	RB
0.3	0.7		0.49	0.51

续表

PMOI 的权重	RB 的权重	最优组合的产品组成	PMOI	RB
0.4	0.6	■ ■	0.49	0.51
0.5	0.5	■ ■ ■	0.32	1.05
0.6	0.4	■ ■ ■ ■	0.26	1.33
0.7	0.3	■ ■ ■ ■ ■	0.23	1.56
0.8	0.2	■ ■ ■ ■ ■ ■	0.21	1.77
0.9	0.1	■ ■ ■ ■ ■ ■ ■	0.18	2.07

注：■ ■ ■ ■ ■ ■ ■ 分别代表 GSMaP-N、GSMaP-GN、IMERG-E、IMERG-L、PERSIANN-CCS、CMA、ECMWF、JMA 和 NCEP。

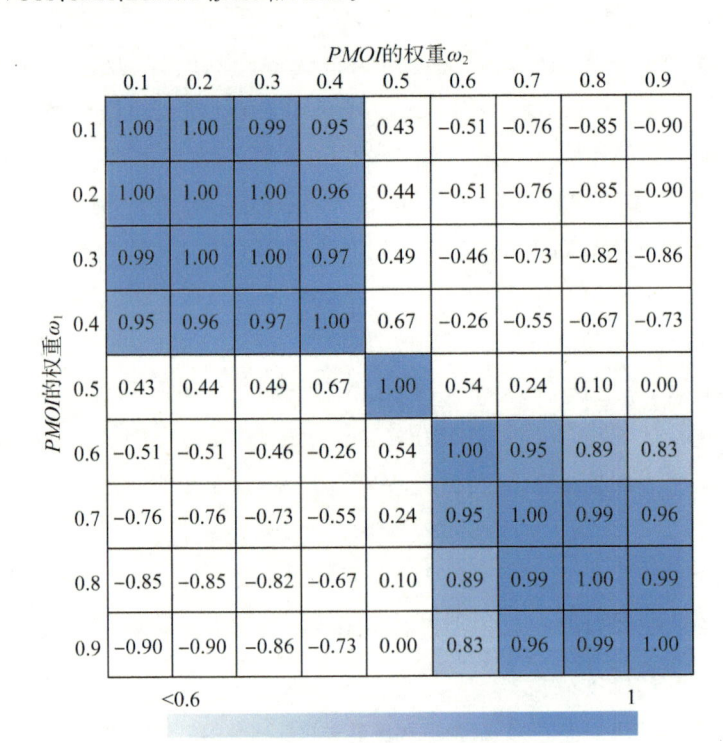

PMOI的权重 ω_2

ω_1 \ ω_2	0.1	0.2	0.3	0.4	0.5	0.6	0.7	0.8	0.9
0.1	1.00	1.00	0.99	0.95	0.43	−0.51	−0.76	−0.85	−0.90
0.2	1.00	1.00	1.00	0.96	0.44	−0.51	−0.76	−0.85	−0.90
0.3	0.99	1.00	1.00	0.97	0.49	−0.46	−0.73	−0.82	−0.86
0.4	0.95	0.96	0.97	1.00	0.67	−0.26	−0.55	−0.67	−0.73
0.5	0.43	0.44	0.49	0.67	1.00	0.54	0.24	0.10	0.00
0.6	−0.51	−0.51	−0.46	−0.26	0.54	1.00	0.95	0.89	0.83
0.7	−0.76	−0.76	−0.73	−0.55	0.24	0.95	1.00	0.99	0.96
0.8	−0.85	−0.85	−0.82	−0.67	0.10	0.89	0.99	1.00	0.99
0.9	−0.90	−0.90	−0.86	−0.73	0.00	0.83	0.96	0.99	1.00

<0.6 ———— 1

不同权重的融合潜力之间的相关系数

图 6.4　权重对产品组合融合潜力优劣排序的影响

为分析 ω 对产品组融合潜力优劣排序的影响,本节统计了基于不同权重的 MU 序列之间的相关系数,即计算 $MU(\omega_1) = [MU_1(\omega_1), MU_2(\omega_1), \cdots, MU_{502}(\omega_1)]$ 和 $MU(\omega_2) = [MU_1(\omega_2), MU_2(\omega_2), \cdots, MU_{502}(\omega_2)]$ 之间的相关系数,较高的相关系数表明权重由 ω_1 变至 ω_2 对产品组合融合潜力优劣排序影响不大,较低的相关系数表明权重由 ω_1 变至 ω_2 对产品组合融合潜力优劣排序影响较明显。图 6.4 展示了基于不同权重的 MU 序列之间的相关系数矩阵,并突出标记了相关系数大于 0.6 的情况。可见,当权重在 0.1~0.4 范围变化时,即 RB 更重要时,相关系数均超过 0.95,其中 $MU(0.1)$ 和 $MU(0.4)$ 之间的相关系数最小,因此,此时产品组合融合潜力优劣排序变化不大。当权重在 0.6~0.9 范围变化时,即 $PMOI$ 更重要时,相关系数均超过 0.83,其

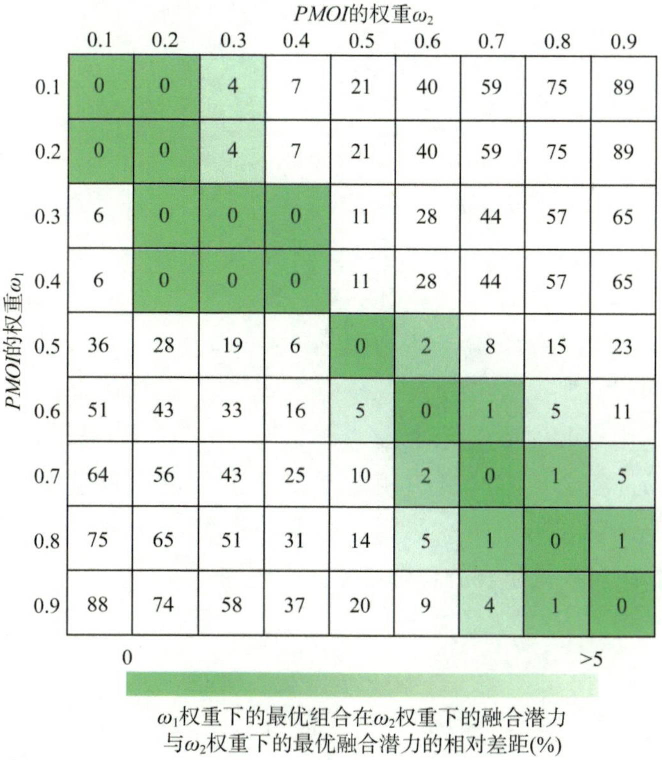

$PMOI$的权重ω_1 \ $PMOI$的权重ω_2	0.1	0.2	0.3	0.4	0.5	0.6	0.7	0.8	0.9
0.1	0	0	4	7	21	40	59	75	89
0.2	0	0	4	7	21	40	59	75	89
0.3	6	0	0	0	11	28	44	57	65
0.4	6	0	0	0	11	28	44	57	65
0.5	36	28	19	6	0	2	8	15	23
0.6	51	43	33	16	5	0	1	5	11
0.7	64	56	43	25	10	2	0	1	5
0.8	75	65	51	31	14	5	1	0	1
0.9	88	74	58	37	20	9	4	1	0

ω_1权重下的最优组合在ω_2权重下的融合潜力与ω_2权重下的最优融合潜力的相对差距(%)

图 6.5 权重对最优产品组合的融合潜力的影响

中,当权重在 0.7～0.9 范围变化时,相关系数均超过 0.96,产品组合融合潜力优劣排序变化不大;$MU(0.6)$ 和 $MU(0.7)$ 之间相关系数为 0.95,因此当权重在 0.6～0.7 范围变化时,产品组合融合潜力优劣排序变化不大;但 $MU(0.6)$ 和 $MU(0.8)$ 之间、$MU(0.6)$ 和 $MU(0.9)$ 之间的相关系数分别为 0.89、0.83,组合融合潜力排序的一致性略有下降。总体而言,当在 $PMOI$ 和 RB 间确定了侧重对象后,ω 对产品组合融合潜力优劣排序的影响较弱。

为分析 ω 对最优产品组合的融合潜力的影响,本节计算了 ω_1 权重下的最优组合在 ω_2 权重下的融合潜力 $MU[\omega_2|PC(\omega_1)]$ 与 ω_2 权重下的最优融合潜力 $MU[\omega_2|PC(\omega_2)]$ 的相对差距 ΔMU,即

$$\Delta MU = \frac{MU[\omega_2 \mid PC(\omega_2)] - MU[\omega_2 \mid PC(\omega_1)]}{MU[\omega_2 \mid PC(\omega_2)]} \tag{6.1}$$

其中,$PC(\omega_1)$ 为 ω_1 权重下融合潜力最优的产品组,$PC(\omega_2)$ 为 ω_2 权重下融合潜力最优的产品组。图 6.5 展示了不同权重下的 ΔMU,并突出标记了 ΔMU 小于 5% 的情况。以图中第一行第三列为例,当 $\omega_1=0.1$ 时融合潜力最优的产品组合是 GSMaP-GN 和 IMERG-L,该组合在 $\omega_2=0.3$ 时的融合潜力为 0.70;当 $\omega_2=0.3$ 时融合潜力最优的产品组合是 GSMaP-GN、IMERG-L 和 JMA,融合潜力为 0.73,二者相差 4%,即 $\Delta MU=4\%$,表明权重由 0.1 变为 0.3 对最优产品组合的融合潜力影响较弱。图 6.5 的分布与图 6.4 相似,当 RB 更重要时,即权重在 0.1～0.4 范围变化时,最优组合的融合潜力相差不超过 7%;当 $PMOI$ 更重要时,权重在 0.6～0.8 范围变化或在 0.7～0.9 范围变化时,最优组合的融合潜力相差不超过 5%,仅当权重由 0.6 变为 0.9 时,最优组合的融合潜力相差 11%。总体而言,当在 $PMOI$ 和 RB 间确定了侧重对象后,ω 对最优组合的融合潜力影响较弱。

6.3　不同融合方法下的产品融合潜力有效性分析

为检验融合潜力指标在产品融合前预判产品组合优劣的能力,本节采用4种不同的降水产品融合方法检验产品组的融合潜力与该组产品融合后的降雨精度之间的一致性,即检验融合潜力序列 $MU(\omega)=[MU_1(\omega),MU_2(\omega),\cdots,MU_{502}(\omega)]$ 和融合后降雨精度序列 $RMSE=[RMSE_1,RMSE_2,\cdots,RMSE_{502}]$ 之间的相关关系。若融合潜力 MU 越大,融合后降雨精度 $RMSE$ 越小,二者具有较强的负相关性,则 MU 可有效量化产品组合的融合潜力。

4种不同类型的多源降水产品融合方法,分别是随机森林法、最小均方根误差法、反均方根误差法和算术平均法。其中,前三种方法须利用实测雨量训练或率定模型,因此,将区域B的雨量站分为训练组和验证组,训练组的实测雨量用于模型训练及产品组融合潜力量化,验证组的实测雨量用于融合后的降雨精度评价。

6.3.1　验证融合潜力有效性的多种融合方法

（1）随机森林法

随机森林法[138]是一种机器学习算法,具有分类和回归功能,可以基于较小的样本数量学习高维特征,且当特征值中存在干扰信息时表现良好。在多源降水产品融合中,利用随机森林法的回归功能,以多源降水产品的降雨估计为相关变量,估计相应时段和位置的真实降雨,如式(6.2)所示。

$$\hat{P}_{i,k}=\frac{1}{X}\sum_{x=1}^{X}tree_x(P_{i,k}^1,P_{i,k}^2,\cdots,P_{i,k}^s) \qquad (6.2)$$

其中,在验证时 $\hat{P}_{i,k}$ 是在时段 i、格点 k 处融合后的降雨估计,在训练时 $\hat{P}_{i,k}$ 用实测降雨 $P_{i,k}^{ob}$ 替代;X 是决策树的数量;x 是一次随机且有放回的采样;

$tree_x$ 是一颗单独的决策树。得益于每次随机且有放回的采样,在不同时段和位置参与估计降雨的决策树不尽相同,可有效避免模型的过拟合。

(2) 最小均方根误差法

最小均方根误差法(最小 RMSE 法)[139]是一种加权融合方法。训练时,主要任务是确定每种降水产品的权重。以训练集融合结果的 RMSE 最小为目标,权重的和等于 1 为约束,优化求解各降水产品的权重,如式(6.3)所示,

$$\min_{v} RMSE = \min_{v} \sqrt{\frac{\sum_{i=1}^{n} \sum_{k=1}^{b} (\boldsymbol{PC}_{i,k} \cdot \boldsymbol{v} - P_{i,k}^{ob})^2}{nb}} \quad (6.3)$$

其中,$\boldsymbol{PC}_{i,k} = [P_{i,k}^1, P_{i,k}^2, \cdots, P_{i,k}^s]$ 是 s 种降水产品在时段 i、格点 k 处的降雨估计集合;$\boldsymbol{v} = [v_1, v_2, \cdots, v_s]^T$ 是每种降水产品的权重,即优化变量,其中权重的和为 1。

采用最优的权重 v 加权平均各降水产品即为融合后的降雨估计,如式(6.4)所示,

$$\hat{P}_{i,k} = \boldsymbol{PC}_{i,k} \cdot \boldsymbol{v} \quad (6.4)$$

其中 $\hat{P}_{i,k}$ 是在时段 i、格点 k 处在验证时融合后的降雨估计。

(3) 反均方根误差法

反均方根误差法(反 RMSE 法)[140]也是一种加权融合方法。采用训练集计算每种降水产品的 RMSE,并基于此确定加权融合的权重,如式(6.5)所示,

$$v_s = \frac{\frac{1}{RMSE_s}}{\sum \frac{1}{RMSE}} \quad (6.5)$$

其中,v_s 是产品 s 在反 RMSE 融合时的权重;$RMSE_s$ 是产品 s 的均方根误差。采用权重向量 $\boldsymbol{v} = [v_1, v_2, \cdots, v_s]^T$ 按式(6.4)加权平均各降水产品即为融合后的降雨估计。

(4) 算术平均法

算术平均法在融合降水产品时各产品的权重相同且仅与降水产品组的

成员数量相关,无须训练或率定,权重如式(6.6)所示,

$$v = \frac{1}{s} \tag{6.6}$$

其中,s 是降水产品组的成员数量,v 是权重向量 v 中的元素。按式(6.4)计算融合后的降雨估计。

6.3.2 融合潜力有效性分析

图 6.6 展示了 4 种融合方法下产品组合的融合潜力($\omega=0.6$)与该组产品融合后的降雨精度之间的关系。融合潜力与基于随机森林法的融合精度之间的相关性最高,相关系数为 −0.80;对于最小 RMSE 法、反 RMSE 法和算数平均法,融合潜力与融合精度之间的相关系数分别为 −0.77、−0.71 和 −0.70。融合潜力最优的产品组的融合后降雨精度与最优融合后降雨精度十分接近,以随机森林法为例,当采用融合潜力最优的产品组驱动随机森林融合方法时,融合后降雨精度 *RMSE* 为 7.10;而在 502 个降水产品方案中,基于随机森林法的融合后降雨精度 *RMSE* 最优为 7.05,二者相差不足 1%。可见,本书提出的融合潜力量化指标可以在产品融合前有效预判产品组合的优劣。

当采用传统的单产品精度评价指标选择产品组合时,根据图 5.15 的分析,精度较优的产品为 IMERG-L、IMERG-E、GSMaP-GN 和 GSMaP-N。以上述 4 中降水产品作为一个组合驱动融合方法,融合后的降雨精度 *RMSE* 如图 6.6 中红色散点所示。可见,红色散点所示的 *RMSE* 显著劣于最优 *RMSE*。当采用传统的单产品精度评价指标选择的产品组驱动随机森林融合方法时,融合后降雨精度 *RMSE* 为 7.78,与最优融合后降雨精度 *RMSE* 相差超过 10%。可见,本书提出的融合潜力量化指标的有效性较传统指标的有效性显著增强。

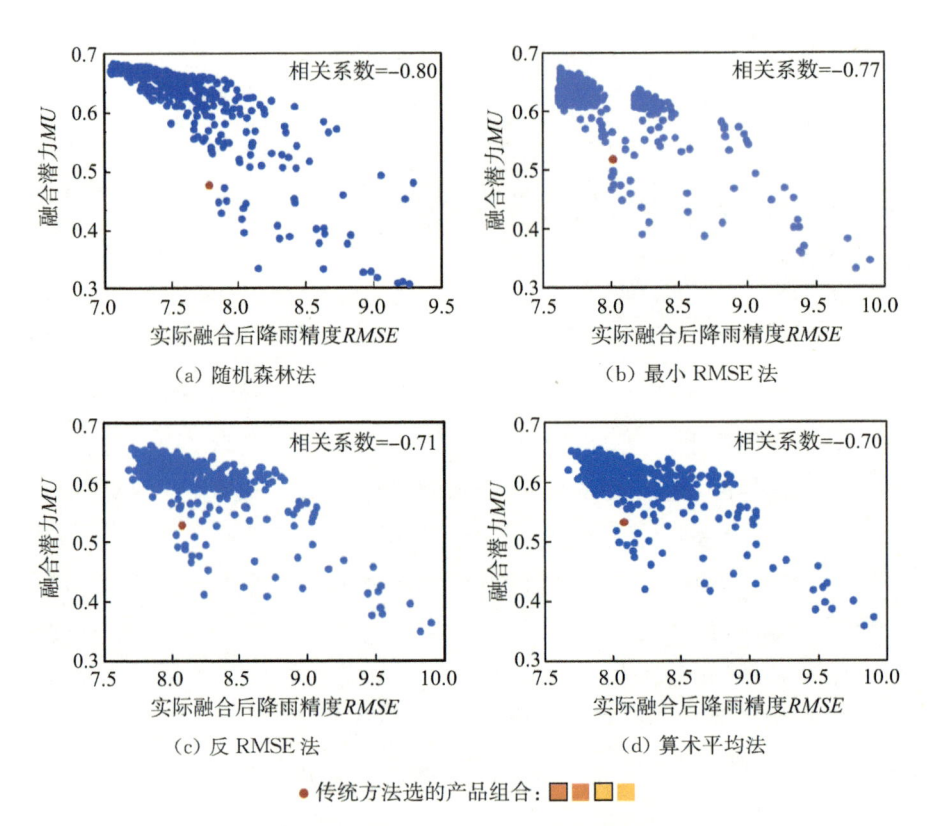

图 6.6　产品组合融合潜力 MU 与融合后降雨精度 $RMSE$ 的关系

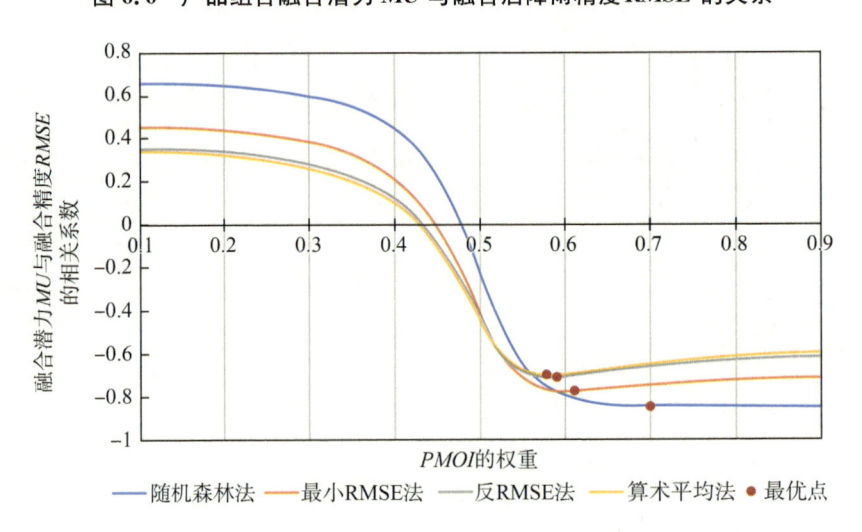

图 6.7　权重对融合潜力量化指标有效性的影响

图 6.7 展示了权重 ω 对融合潜力量化指标 MU 的有效性的影响,其中 MU 的有效性通过融合潜力 MU 和融合后降雨精度 $RMSE$ 之间的相关性反映,MU 和 $RMSE$ 的负相关程度越大,MU 越能有效地量化融合潜力。图 6.7 中红色圆点标记了不同融合方法下最合适的 ω。可见,当权重 $\omega \leqslant 0.4$ 时,即当 RB 比 $PMOI$ 重要时,MU 和 $RMSE$ 呈较弱的正相关性,最大相关系数为 $0.34 \sim 0.66$,即融合潜力越大的产品组在融合后的降雨误差越大,因此,当 RB 比 $PMOI$ 重要时的 MU 难以量化融合潜力。当权重 $0.5 \leqslant \omega < 0.6$ 时,四种融合算法的 $RMSE$ 和 MU 之间的负相关程度均迅速加剧。当权重为 0.6 左右时,即当 $PMOI$ 略重要于 RB 时,最小 $RMSE$ 法、反 $RMSE$ 法和算术平均法的 $RMSE$ 和 MU 的负相关程度最显著,相关系数为 $-0.77 \sim -0.70$;随着 ω 由 0.6 增加至 0.9,最小 $RMSE$ 法、反 $RMSE$ 法和算术平均法的 $RMSE$ 和 MU 的负相关程度轻微减弱,相关系数逐步升至 $-0.70 \sim -0.60$。但在随机森林法中,当权重 $0.6 \leqslant \omega < 0.7$ 时,MU 和 $RMSE$ 的负相关程度轻微增强,相关系数由 -0.80 降至 -0.85;当 $\omega \geqslant 0.7$ 时,MU 和 $RMSE$ 的负相关程度保持不变。综上可见,若要采用最小 $RMSE$ 法、反 $RMSE$ 法或算术平均法融合多源降水产品,选择产品组合时最合适的 $PMOI$ 权重 ω 约为 0.6,即 $PMOI$ 比 RB 略为重要,最优组合为:GSMaP-GN、IMERG-L、ECMWF 和 JMA;若要采用随机森林法融合多源降水产品,选择产品组合时最合适的 $PMOI$ 权重 ω 为 0.7,最优组合为:GSMaP-GN、IMERG-E、IMERG-L、ECMWF、JMA 和 NCEP。随机森林法比其他三种方法更重视区间对实测降雨的覆盖程度 $PMOI$。

为进一步探究选择产品组合时最合适权重 ω 与不同融合方法之间的关系,图 6.8 展示了各融合方法 502 个输入方案的平均精度与图 6.7 中最优点的权重 ω 之间的关系。可见,融合方法的精度越高,最优 ω 越大,即组合区间对实测降雨的覆盖程度 $PMOI$ 的重要性加强、区间宽度 RB 的重要性减弱。原因在于,融合方法的精度越高,其抗干扰能力越强,能够抵抗高 RB 组合中大误差产品的干扰。

综上,融合潜力量化指标中 $PMOI$ 的权重应比 RB 高,推荐权重为 $0.6 \sim 0.7$。进一步地,对于较简单的白箱模型,选择产品组合时推荐权重可趋近

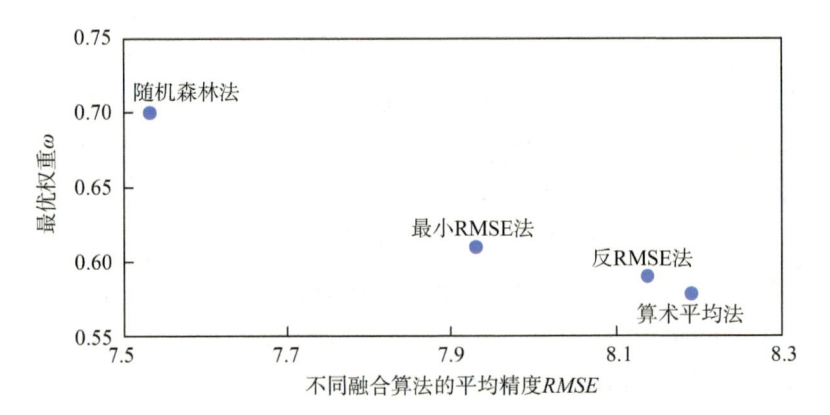

图 6.8 融合算法的精度 RMSE 与 MU 最优权重的关系

0.6,对于精度较高的黑箱模型,推荐权重可趋近 0.7。值得一提的是,根据图 6.4 的分析,当权重在 0.6~0.7 范围变化时,组合融合潜力的优劣排序、最优产品组的融合潜力对权重的敏感性较弱。

6.4 本章小结

本章量化了基于 9 种降水产品的 502 个降水产品组的融合潜力、分析了不同目标侧重对多源产品融合潜力的影响、利用多种融合方法验证了融合潜力量化指标的有效性,并得到如下结论:

(1) 融合潜力量化的两种方式(相对指标和绝对指标)具有较高的等价性,因此不再区分。对于 502 个降水产品组的融合潜力,总体上随着组合中产品数量增多,融合潜力先显著提高再缓慢降低。产品数量相同的条件下,融合潜力最劣的组合中产品来源单一且精度较低,最优的组合中产品来源多样且精度较高,表明本方法能够在定量评价降水产品时兼顾组合中产品的准确性和多样性。

(2) 融合潜力量化指标中的 *PMOI* 和 *RB* 存在明显竞争关系,二者的权重会影响融合潜力的量化。随着 $PMOI$ 的权重由 0.3 增大至 0.9,即随着融合潜力由侧重区间宽度变为侧重区间对实测降雨的覆盖程度,最优组合在 GSMaP-GN 和 IMERG-L 的基础上依次加入 JMA、ECMWF、IMERG-E、NCEP、CMA 和 PERSIANN-CCS,相近权重下的最优组合的产品组成的变化幅度较小。当在 $PMOI$ 和 RB 间确定了侧重对象后,权重对组合融合潜力的优劣排序、最优产品组的融合潜力的影响较弱。

(3) 融合潜力与 4 种融合模型的融合后降雨精度均有显著的相关性,融合后的最优 $RMSE$ 与本方法优选的多源产品融合后 $RMSE$ 相差不足 1%,而与传统指标选取的多源产品融合后 $RMSE$ 相差超过 10%,表明本书提出的融合潜力量化指标可在产品融合前有效预判产品组合的优劣。当 $PMOI$ 略重要于 RB(ω 为 0.6~0.7)时,融合潜力量化指标的有效性最显著,当待采用的降雨融合模型的抗干扰能力较强时,ω 可趋于 0.7,最优组合为 GSMaP-GN、IMERG-E、IMERG-L、ECMWF、JMA 和 NCEP;反之,ω 可趋于 0.6,最优组合为 GSMaP-GN、IMERG-L、ECMWF 和 JMA。

7 基于虚拟站点的多源降雨数据融合方法研究

本章利用区域 B 丰富的降雨观测资料评价本书提出的基于虚拟站点的多源降雨数据融合方法相对于现有逐格融合方法和稀疏站点空间插值的优势，在雨量站稀疏的区域 A 应用本方法并验证水文效用。

7.1 试验设置与评价指标

（1）试验设置

虚拟站法的基础方法包含逐网格融合方法和空间插值方法。在本章的试验设置中，选择随机森林法作为方法中的逐网格融合方法用于估计虚拟站点的降雨量，选择反距离权重法作为方法中的空间插值方法用于估计降雨场。

在随机森林法中，自变量包括：多源降水产品在目标格点处的降雨估计、距目标格点最近的两个站点的实测雨量、距目标格点最近的两个站点到目标格点的距离。其中，目标格点指的是实际站点或虚拟站点所在的格点，训练时为实际站所在格点，估计时为虚拟站所在格点。

虚拟站法中的逐网格融合方法和空间插值方法在雨量站稀疏地区均可各自独立地估计降雨场，因此，在 7.1 节中从多角度对比分析虚拟站法、随机森林法和反距离权重插值法的降雨场精度。

由第六章多源降水产品融合潜力量化结果可知，当采用随机森林法融合多源降水产品、待选产品为 GSMaP-N、GSMaP-GN、IMERG-E、IMERG-L、

PERSIANN-CCS、CMA、ECMWF、JMA 和 NCEP 时，区域 B 融合潜力最优的产品组合是 GSMaP-GN、IMERG-E、IMERG-L、ECMWF、JMA 和 NCEP。因此，本章采用该组产品驱动随机森林法和虚拟站法。

（2）降雨场精度评价

为关注每个时间步长的降雨场精度，本节先计算每个时段 i 的估计降雨场与实测降雨场之间的相关系数 CC_i 和均方根误差 $RMSE_i$，再求均值得到总体 CC 和 $RMSE$，如式（7.1）~（7.4）所示。

$$CC_i = \frac{\sum_{k=1}^{b}(P_{i,k}^{ob}-\widetilde{P_{i,.}^{ob}})(\hat{P}_{i,k}-\widetilde{\hat{P}_{i,.}})}{\sqrt{\sum_{k=1}^{b}(P_{i,k}^{ob}-\widetilde{P_{i,.}^{ob}})^2}\sqrt{\sum_{k=1}^{b}(\hat{P}_{i,k}-\widetilde{\hat{P}_{i,.}})^2}} \tag{7.1}$$

$$RMSE_i = \sqrt{\frac{\sum_{k=1}^{b}(\hat{P}_{i,k}-P_{i,k}^{ob})^2}{b}} \tag{7.2}$$

$$CC = \frac{\sum_{i=1}^{n}CC_i}{n} \tag{7.3}$$

$$RMSE = \frac{\sum_{i=1}^{n}RMSE_i}{n} \tag{7.4}$$

其中，$\hat{P}_{i,k}$ 为某方法或产品估计的时段 i、格点 k 的降雨量；$\hat{P}_{i,.}$ 为不同方法或产品估计的时段 i 的降雨场。

（3）稀疏雨量站观测降雨场的能力评价

稀疏雨量站能够粗略地观测降雨场的空间分布。每时段降雨场空间分布不同，实际雨量站点因其位置固定而对降雨场空间分布的观测能力不同。稀疏站点在时段 i 观测降雨场能力可以用稀疏站点空间插值估计降雨场与实测降雨场之间的相关系数量化，记为 ICC_i，计算如式（7.1）所示，其中，$\hat{P}_{i,k}$ 为稀疏站点空间插值估计的时段 i、格点 k 的降雨量，$\hat{P}_{i,.}$ 为稀疏站点空间插值估计的时段 i 的降雨场。各时段的 ICC_i 不同，较大的 ICC_i 意味着在该时段仅稀疏雨量站可较好地观测降雨场的空间分布，较小的 ICC_i 意味着在该时段仅稀疏雨量站估计降雨场会丢失重要的降雨场空间信息，如降雨中心等。

7.2 总体降雨估计精度

在区域 B 的密集实际雨量站点中任选多个缺测率低于 2% 的雨量站作为稀疏雨量站(与 6.3 节保持一致,平均站点密度为 3 250 km²/站),分别驱动虚拟站法、随机森林法和反距离权重法估计降雨场,并以其余密集雨量站作为基准评价降雨场估计精度。图 7.1 展示了虚拟站法、随机森林法、反距离权重法、GSMaP-GN、IMERG-E、IMERG-L、ECMWF、JMA 和 NCEP 的降雨场估计精度 CC 和 RMSE。在本书算例中,随机森林法和反距离权重法是虚拟站方法包含的基础方法,上述 6 种降水产品是第六章选出的融合潜力最优的降水产品组,用于驱动虚拟站法和随机森林法。CC 越趋近于 1,RMSE 越趋近于 0 时,降雨场估计越准确,因此,对于任一种降雨场估计,图 7.1 中代表 CC 和 RMSE 的条形柱之间的空白越接近顶部代表降雨场估计越准确。

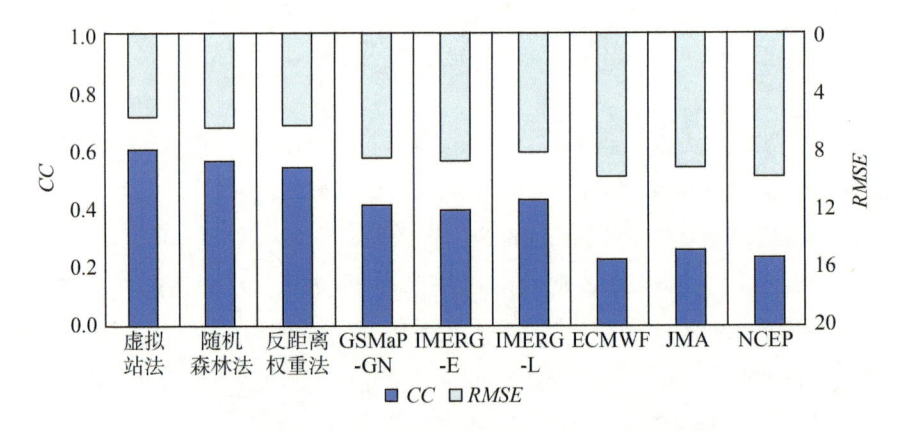

图 7.1 各方法和产品降雨场估计的总体精度

据此,降雨场估计的整体精度可以被分为三个梯队。具体而言,第一梯队为基于虚拟站法、随机森林法和反距离权重法的降雨场估计,CC 为 0.54~0.60,RMSE 为 5.89~6.40,显著优于其他的降雨场估计,主要原因在于这三种方法在降雨场估计中利用了实测雨量;第二梯队为多传感器联合遥感降水产品 GSMaP-GN、IMERG-L 和 IMERG-E，CC 为 0.39～0.43，$RMSE$ 为 8.64～8.81；第三梯队为气象模式模拟降水产品 ECMWF、JMA 和 NCEP，CC 为 0.23～0.26，$RMSE$ 为 9.24～9.92。

在虚拟站法、随机森林法和反距离权重法中，随机森林法和反距离权重法的降雨场估计精度相近，CC 分别为 0.56 和 0.54，$RMSE$ 分别为 6.40 和 6.38。虚拟站法的精度最优，CC 为 0.60，相较于随机森林法和反距离权重法分别提高了 7.1% 和 11.1%，相较于最优的降水产品 IMERG-L 和最劣的降水产品 ECMWF 分别提高了 39.6% 和 160.9%；$RMSE$ 为 5.89，相较于随机森林法和反距离权重法分别降低了 8.0% 和 7.7%，相较于 IMERG-L 和 ECMWF 分别降低了 32.2% 和 36.3%。

虚拟站点的数量和位置在每个降雨场中动态变化。在区域 B 的算例中，一方面，每个降雨场均采用了虚拟站点，且每个降雨场添加的虚拟站点的数量各不相同，最少添加了 1 个虚拟站点，最多添加了 27 个虚拟站点，平均每个降雨场添加了 10.82 个虚拟站点，与实际站点的数量（10 个）相近；另一方面，区域 B 内 89% 格点曾被选用为虚拟站点，且每个格点作为虚拟站点的频次各不相同，如图 7.2 所示，格点最多被选用了 139 次，平均每个格点被选用了 14.54 次。虚拟站点的高频位置与该区域实际站点的布设位置和降雨场的常见分布相关。

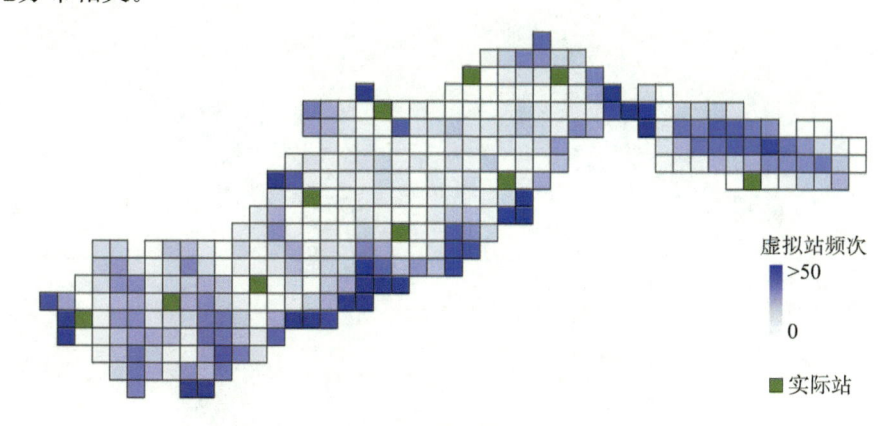

图 7.2 区域 B 内格点作为虚拟站点的频次

7.3 不同降雨场下的降雨估计精度

图 7.3 对比了虚拟站法和反距离权重法的降雨场估计精度(a)以及随机森林法和反距离权重法的降雨场估计精度(b),其中一个散点代表一个时段的降雨场。相较于反距离权重法,虚拟站法和随机森林法利用了多源降水产品,虽能补充降雨信息,但也会引入干扰信息。从图 7.3 可以看出不同降雨场空间分布下多源降水产品的利用是否有助于降雨场估计。在 1∶1 线上方的散点代表虚拟站法或随机森林法优于反距离权重插值,即该日多源降水产品的利用有助于降雨场估计;反之,在 1∶1 线下方的散点代表虚拟站法或随机森林法劣于反距离权重插值,即该日多源降水产品干扰了降雨场估计。图 7.3(a)和(b)中分别有 20% 和 41% 的散点位于 1∶1 线下方,在这些位于 1∶1 线下方的散点中,图 7.3(b)中的散点相对 1∶1 线的偏离程度显著大于图 7.3(a)中的散点。这意味着在利用多源降水产品时,相较于随机森林法,虚拟站法具备削弱产品误差干扰的能力。

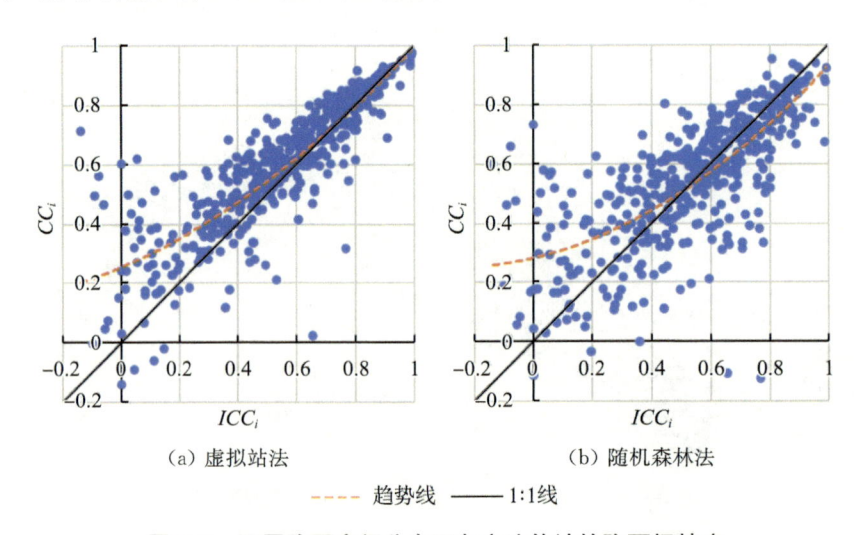

(a) 虚拟站法 (b) 随机森林法

----- 趋势线 ——— 1:1线

图 7.3 不同降雨空间分布下各方法估计的降雨场精度

图 7.3 利用 ICC_i 作为横坐标不仅能比较三种方法的降雨场估计精度，还能体现稀疏雨量站观测降雨场能力与降雨场估计精度之间的关系，即展示不同降雨空间分布下虚拟站法和随机森林法的降雨场估计精度。图 7.3 中绘制了散点趋势线以展示稀疏雨量站观测降雨场能力与降雨场估计精度之间的关系。图 7.3(a)中的散点趋势线在 ICC_i 小于 0.4 时明显高于 1∶1 线，随着 ICC_i 的增加，散点趋势线逐渐趋近于 1∶1 线；图 7.3(b)中散点趋势线在 ICC_i 小于 0.5 时高于 1∶1 线，而在 ICC_i 大于 0.5 时低于 1∶1 线。这意味着，在稀疏雨量站观测降雨场能力较弱的时段，无论基于虚拟站法还是基于随机森林法，降水产品总能补充降雨场信息；在稀疏雨量站观测降雨场能力较强的时段，虚拟站法的精度趋于与稀疏站点空间插值的精度保持一致，而随机森林法的精度显著劣于空间插值的精度。因此，本书提出的虚拟站法能够在稀疏的实测降雨基础上动态补充降雨场信息。

为分析虚拟站点对降雨场估计精度的影响，在图 7.4 中以 4 个降雨场为例比较了实测降雨场、虚拟站法估计降雨场、稀疏站点空间插值法估计降雨场和随机森林法估计降雨场，并展示了虚拟站点的分布位置。图 7.4 中的 4 个降雨场的降雨强度各不相同，从图 7.4(a)至图 7.4(d)降雨中心的日降雨量分别为 196 mm、13.9 mm、28.8 mm 和 39.7 mm。虚拟站法在各种降雨强度下估计的降雨场均与实测降雨场接近。

对于图 7.4(a)所示的 2018-08-07 降雨场，虚拟站法估计的降雨场与实测降雨场最接近，其次是站点插值法，最差的是随机森林法。对比该日的站点插值法和随机森林法估计的降雨场可见，稀疏的实际雨量站在该日可以粗略地观测降雨场空间分布，而随机森林法在每个格点均引入多源降水产品对降雨场估计造成显著干扰。然而，仅实际雨量站插值估计的降雨场仍不够准确，对比该日的站点插值降雨场和实测降雨场可见，站点插值法高估了研究区域南部的降雨量。对比该日的虚拟站法和站点插值法估计的降雨场可见，虚拟站法在研究区域南部添加的最小雨量虚拟站点有效修正了高雨量区的范围。

对于图 7.4(b)所示的 2016-08-07 降雨场，虚拟站法估计的降雨场与实测降雨场最接近，站点插值法因其缺测了雨中心而低估了该日降雨量，随机森林法高估了该日降雨量。对比该日的虚拟站法和站点插值法估计的降雨场可见，虚拟站法在研究区域南部添加的最大雨量虚拟站点有效补充了降雨场的降雨中心。

值得一提的是，虚拟站法有时会与站点插值法和随机森林法中精度较优的方法表现相似，例如图7.3(a)中1∶1线附近的散点。以图7.4(c)所示的2015-08-10降雨场为例，当站点插值法估计降雨场精度较高时，即当实际站点能够较好观测降雨场空间分布时，虚拟站法能通过减少虚拟站点的数量

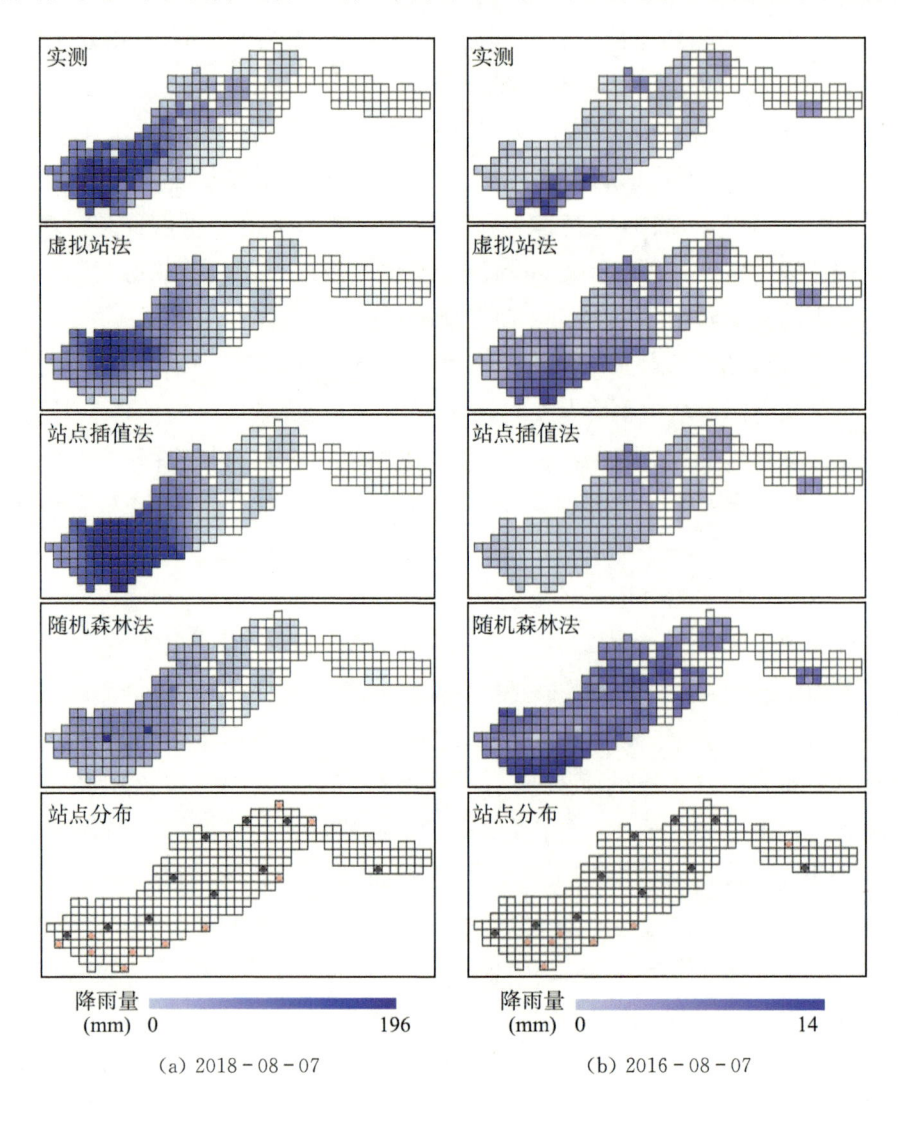

(a) 2018-08-07　　　　　　　　(b) 2016-08-07

(c) 2015-08-10　　　　　　　　(d) 2014-07-30

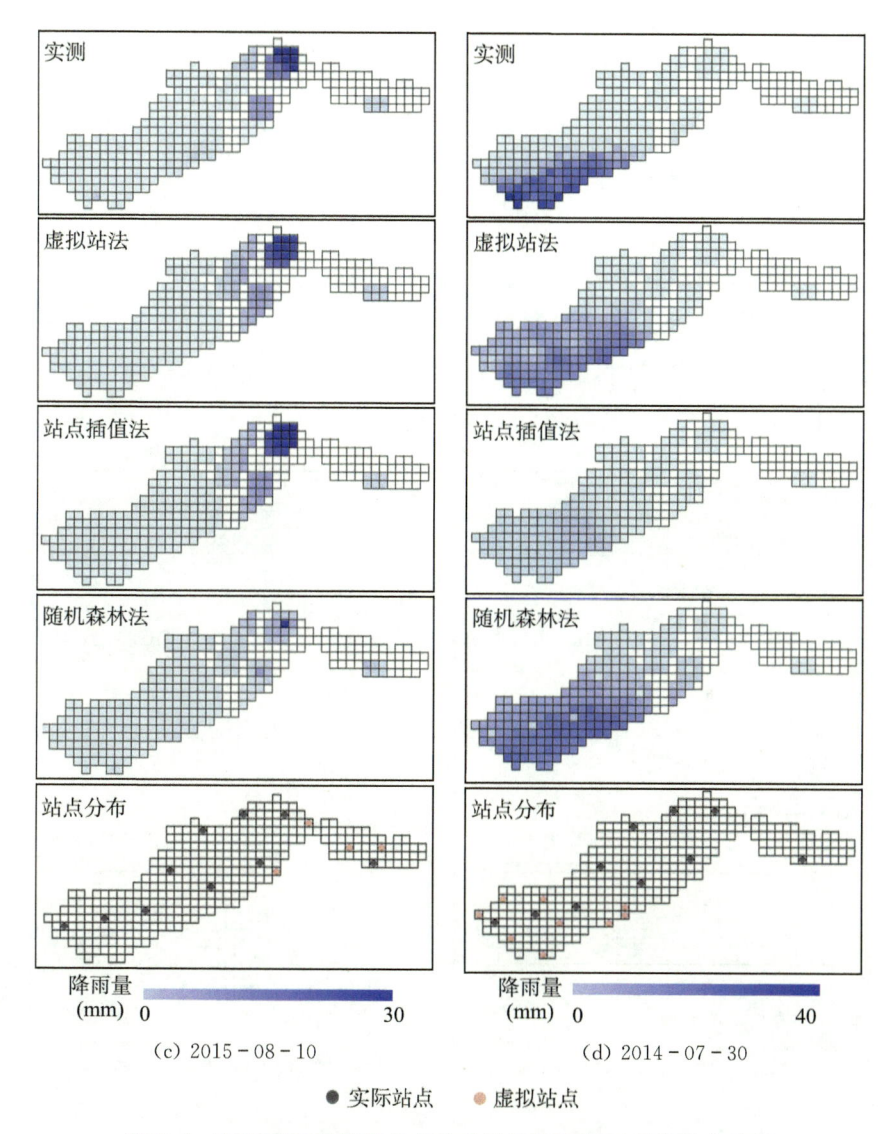

● 实际站点　　● 虚拟站点

图 7.4　不同降雨强度下各方法估计的降雨场及虚拟站点位置

使降雨场估计与站点插值法相似。以图 7.4(d)所示的 2014-07-30 降雨场为例,当随机森林法估计降雨场精度较高时,虚拟站法能通过增加虚拟站点的数量使降雨场估计与随机森林法相似。因此,虚拟站法能够通过调整虚拟站点的数量来动态调整降水产品的利用程度。

7.4 不同站点密度下的降雨估计精度

为分析实际雨量站点密度对虚拟站法的性能影响，本节设置了 8 种不同站点密度的实际雨量站点分布方案，如图 7.5 所示，在区域 B 的密集实际雨量站点中任选 2 个、3 个、4 个、6 个、10 个、14 个、22 个以及 30 个缺测率低于 2% 的雨量站作为稀疏雨量站，平均站点密度分别为 16 250 km²/站、10 833 km²/站、

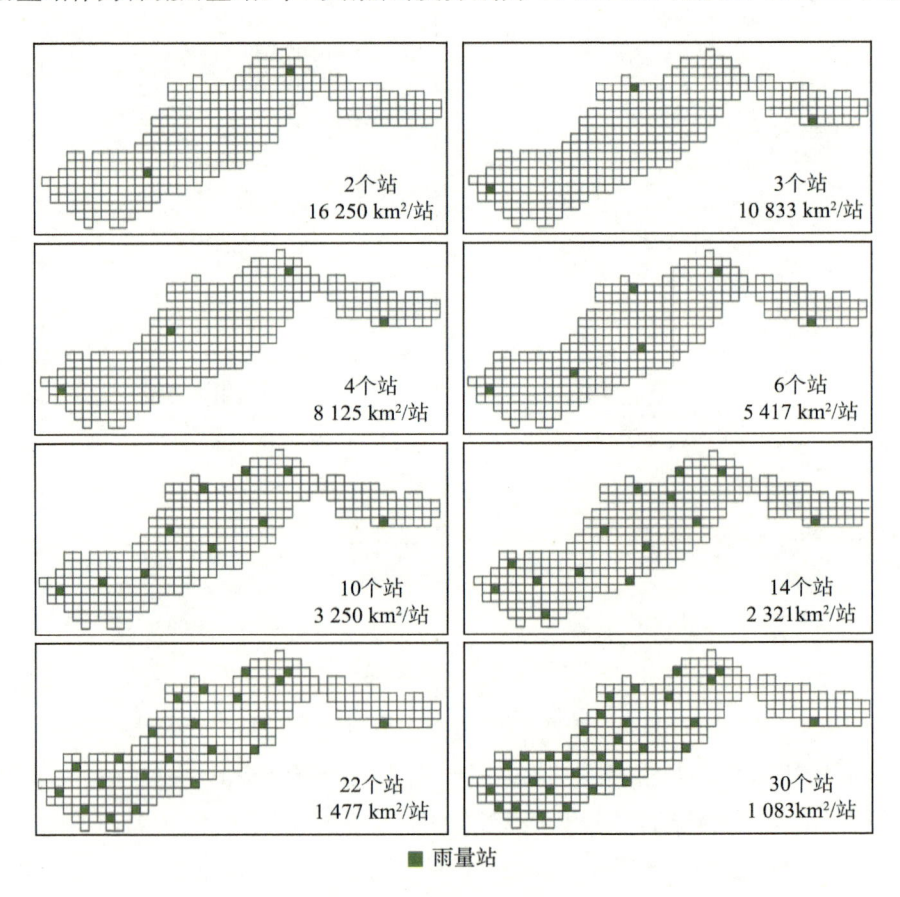

图 7.5 不同站点密度的雨量站点分布方案

8 125 km²/站、5 417 km²/站、3 250 km²/站、2 321 km²/站、1 477 km²/站和 1 083 km²/站。采用稀疏站点驱动虚拟站法、随机森林法和反距离权重法估计降雨场,并以其余密集雨量站作为基准评价降雨场估计精度。

表 7.1 不同站点密度下各方法的总体精度

站点数量	站点密度 (km²/站)	RMSE 虚拟站法	RMSE 随机森林	RMSE 站点插值	CC 虚拟站法	CC 随机森林	CC 站点插值
2	16 250	**7.13**	7.32	9.06	**0.49**	0.48	0.25
3	10 833	**7.12**	7.26	8.41	**0.50**	0.49	0.31
4	8 125	**7.00**	7.23	7.98	**0.51**	0.50	0.36
6	5 417	**6.54**	6.94	7.12	**0.55**	0.52	0.46
10	3 250	**5.89**	6.40	6.38	**0.60**	0.56	0.54
14	2 321	**5.47**	6.13	5.57	**0.63**	0.58	0.61
22	1 477	**4.80**	5.80	4.89	**0.69**	0.63	0.68
30	1 083	**4.54**	5.43	4.63	**0.71**	0.65	0.70

表 7.1 展示了不同站点密度下虚拟站法、随机森林法和站点插值法的降雨场总体精度指标 $RMSE$ 和 CC,其中加粗数值代表同一站点密度下精度较高的算法。可见,在任一站点密度条件下,虚拟站法估计的降雨场精度最高;在站点稀疏条件下,随机森林法优于站点插值法;而当站点逐渐密集时,站点插值法优于随机森林法,在本书的研究案例中,临界站点密度约为 4 000 km²/站。对于不同地区和不同降雨场估计方法,该临界站点密度不同。

图 7.6 展示了 3 种方法之间的精度差异随实际站点密度的变化趋势,其中蓝色代表虚拟站法和随机森林法的差异、粉色代表虚拟站法和站点插值法的差异、灰色代表随机森林法和站点插值法的差异。在水文模拟的应用中,稀疏雨量站一般指平均密度为 $10^3 \sim 10^4$ km²/站,为突出展示该区间,横坐标采用了对数坐标轴。从图 7.6 中蓝色散点及其趋势线可见,随着站点逐渐稀疏,虚拟站法优于随机森林法的程度逐渐降低,在站点趋于无限稀疏条件下,两种方法的精度差异趋于 0,即二者降雨场估计的精度趋于一致。从图 7.6 中粉色散点及其趋势线可见,在站点趋于密集条件下,虚拟站法和站点插值

法的精度差异趋于 0,随着站点逐渐稀疏,虚拟站法显著优于站点插值法。

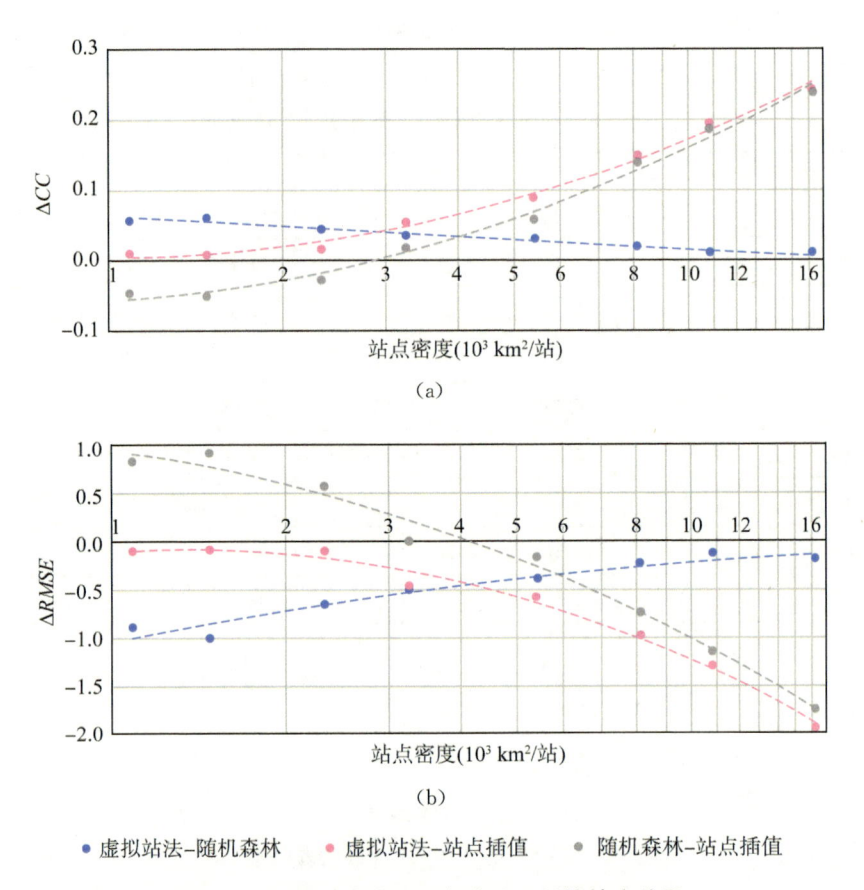

图 7.6 不同站点密度下各方法之间的精度差异

7.5 应用实例及水文效用

本节将虚拟站法应用于区域 A,该流域内未布设雨量站,仅临近流域布设了雨量站,如表 5.1、图 5.3 和图 5.4 所示。由于区域 A 缺乏额外的降雨资料用于验证虚拟站法的有效性,因此,通过评价基于虚拟站法的降雨估计的水文效用来验证虚拟站法在区域 A 的有效性,并以两场洪水为例论述虚拟站点法通过改进降雨空间分布对洪水预报精度的改进作用。

区域 A 的水文数据为 2010—2019 年,共 10 年,而降水产品 JMA 始于 2014 年,缺少 4 年数据,因此,JMA 不参与区域 A 的实例计算。由第六章多源降水产品融合潜力量化结果可知,当 $PMOI$ 的权重为 0.7,待选产品为 GSMaP-N、GSMaP-GN、IMERG-E、IMERG-L、PERSIANN-CCS、CMA、ECMWF 和 NCEP 时,区域 A 融合潜力最优的产品组合是 GSMaP-GN、IMERG-E、IMERG-L、CMA 和 ECMWF。因此,本节基于虚拟站法融合该组产品和站点实测雨量。流域内各格点作为虚拟站点的频次如图 7.7 所示。

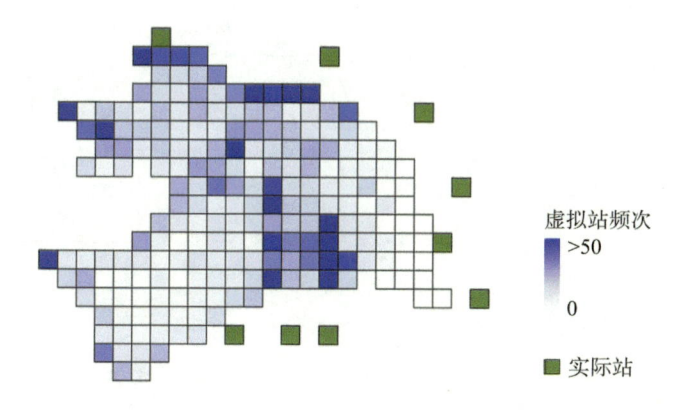

图 7.7 区域 A 内格点作为虚拟站点的频次

图 7.8 以三日为例展示了虚拟站法和稀疏站点泰森多边形法估计的区域 A 降雨场及面雨量,从图 7.8(a)至(c),前者估计面雨量分别高于、约等于、低于后者估计面雨量。对于图 7.8(a)所示的 2011-06-03 降雨场,虚拟站法在流域中部设置了 5 个虚拟站点,虚拟站点的雨量均大于实际站点观测雨量,补充了降雨中心,因此虚拟站法估算的面雨量 20.29 mm 明显高于稀疏站点估计的面雨量 8.99 mm;对于图 7.8(b)所示的 2012-07-02 降雨场,虚拟站法估算的虚拟站雨量与实际站点观测雨量相近,增设虚拟站的主要作用为缩短站点间的距离,从而方便插值,因此虚拟站法估计的面雨量 15.25 mm 与稀疏站点估计面雨量 15.98 mm 相近;对于图 7.8(c)所示的 2015-07-22 降雨场,虚拟站法在流域内设置了多个虚拟站点,虚拟站点的雨量均小于实际站点观测雨量,因

此虚拟站法估算的面雨量 11.45 mm 明显低于稀疏站点估计面雨量 24.23 mm。

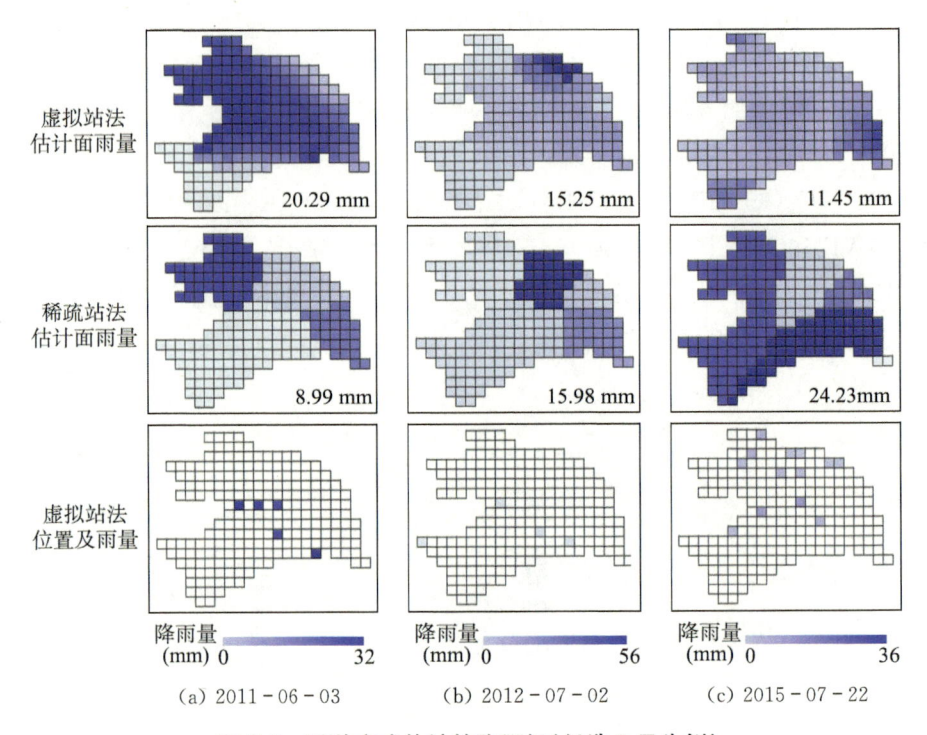

图 7.8　两种方式估计的降雨场(任选 3 日为例)

由于区域 A 未布设雨量站，所以无法直接判断两种方法在区域 A 的准确性。以两种面雨量估计分别驱动新安江模型，分别率定和验证水文模型参数，从水文效用的角度评价两种降雨量的准确性，从而进一步说明多源降水产品对区域 A 稀疏站点观测雨量的改进作用。为表述方便，称"虚拟站法估计面雨量驱动新安江模型"为方案一，称"稀疏站点估计面雨量驱动新安江模型"为方案二。

表 7.2 展示了方案一和方案二在率定期和验证期的洪水预报精度，指标包括率定期和验证期多场洪水整体的纳什系数 NSE_{all}、峰现时间误差 $EPT_{平均}$、洪峰相对误差 $RFP_{平均}$、洪量相对误差 $RFW_{平均}$ 以及可综合体现上述 4 个指标的综合精度指标 RMD。在率定期，从综合指标 RMD 可以看出，方案一的精度显著优于方案二；具体体现为，针对 4 个方面的评价指标，方案一均优于方案二，其中，差距最明显的是洪量相对误差，方案一和方案二的洪

量相对误差分别为 12.99% 和 27.64%。在验证期,总体上方案一仍明显优于方案二,两方案的 RMD 分别为 0.85 和 0.72,4 个方面的评价指标中差距最明显的是峰现时间误差,方案一为 1.5 d 而方案二为 3.3 d,两方案的其余指标表现相近。因此,方案一的精度优于方案二,虚拟站法估计面雨量比稀疏站点估计面雨量具有更好的水文效用。

表 7.2 区域 A 不同降雨驱动的洪水预报精度

阶段	评价指标	方案一 (虚拟站法估计雨量驱动)	方案二 (稀疏站点估计雨量驱动)
率定	纳什系数 NSE_{all}	0.84	0.73
	峰现时间误差 $EPT_{平均}$(d)	1.2	2.2
	洪峰相对误差 $RFP_{平均}$(%)	18.03	24.66
	洪量相对误差 $RFW_{平均}$(%)	12.99	27.64
	综合精度指标 RMD	**0.88**	**0.61**
验证	纳什系数 NSE_{all}	0.85	0.87
	峰现时间误差 $EPT_{平均}$(d)	1.5	3.3
	洪峰相对误差 $RFP_{平均}$(%)	19.70	15.72
	洪量相对误差 $RFW_{平均}$(%)	15.42	18.18
	综合精度指标 RMD	**0.85**	**0.72**

图 7.9 展示了方案一和方案二的场次洪水预报精度。从图 7.9(a)可见,纳什系数低于 0.8 的洪水,方案一共 3 场,包括第 2、4 和 13 场,而方案二共 7 场,包括第 2、4、7、9、11、12 和 13 场。从图 7.9(b)展示的各场次洪水峰现时间误差可见,各场次洪水的方案一峰现时间误差均不超过 2 d,而方案二第 2 场和第 13 场洪水的峰现时间误差显著劣于方案一。从图 7.9(c)可见,洪峰相对误差超过正负 20% 的洪水,方案一共 4 场,包括第 2、12、16 和 17 场;方案二共 9 场,包括第 1、2、7、9、10、11、12、13、16 场。从图 7.9(d)可见,洪量相对误差超过正负 20% 的洪水,方案一共 2 场,包括第 2 和 16 场,而方案二共 7 场,包括 1、2、6、11、12、13 和 16 场。可见,相比于方案二,方案一的场次洪水预报合格率更高,但方案一仍存在部分场次洪水预报精度偏低的情况,例如,第 2、12、13、16 和 17 场洪水。

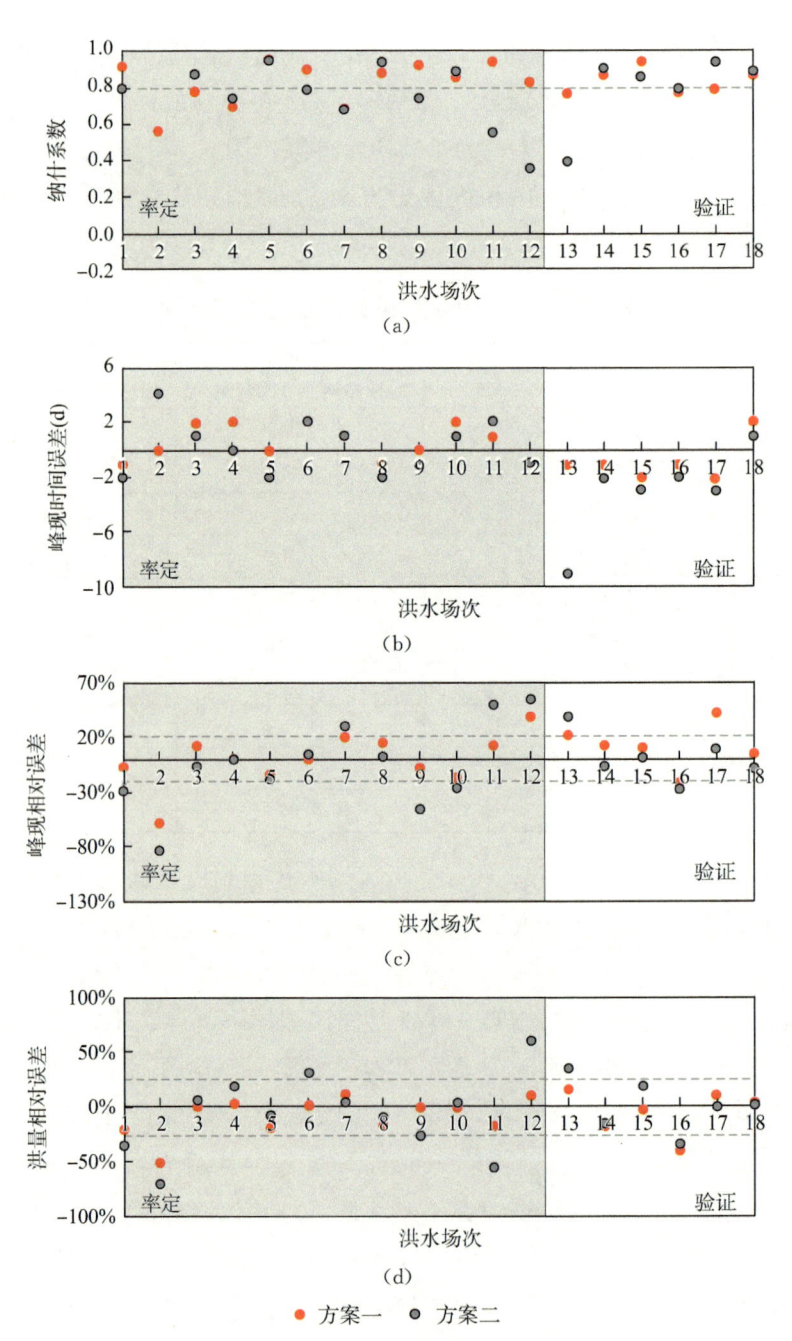

图 7.9 区域 A 不同降雨驱动的场次洪水预报精度

图 7.10 和图 7.11 分别展示了第 11 场洪水和第 12 场洪水两方案的降雨输入和洪水预报效果。分别从补充最大雨量虚拟站点和最小雨量虚拟站点两方面,论述虚拟站点法通过改进降雨空间分布从而改进缺资料地区的洪水预报精度。

从图 7.10(a)可见,方案一轻微低估了第 11 场洪水的洪量和第二洪峰,方案二则显著低估了洪峰和洪量。在该场洪水期间,几乎每日的稀疏站点面雨量均略低于虚拟站法面雨量,因此稀疏站点估计的场次累计降雨总量明显低于虚拟站法估计的降雨量。图 7.10(b)以该场洪水的第 13 个时段的降雨为例展示了虚拟站法和稀疏站点泰森多边形法估计的降雨场及面雨量,针对该日降雨场,虚拟站法在流域中部设置了 4 个虚拟站点,虚拟站点的雨量均大于实际站点观测雨量,补充了降雨中心,因此虚拟站法估算的面雨量 24.27 mm 高于稀疏站点估计面雨量 18.84 mm。

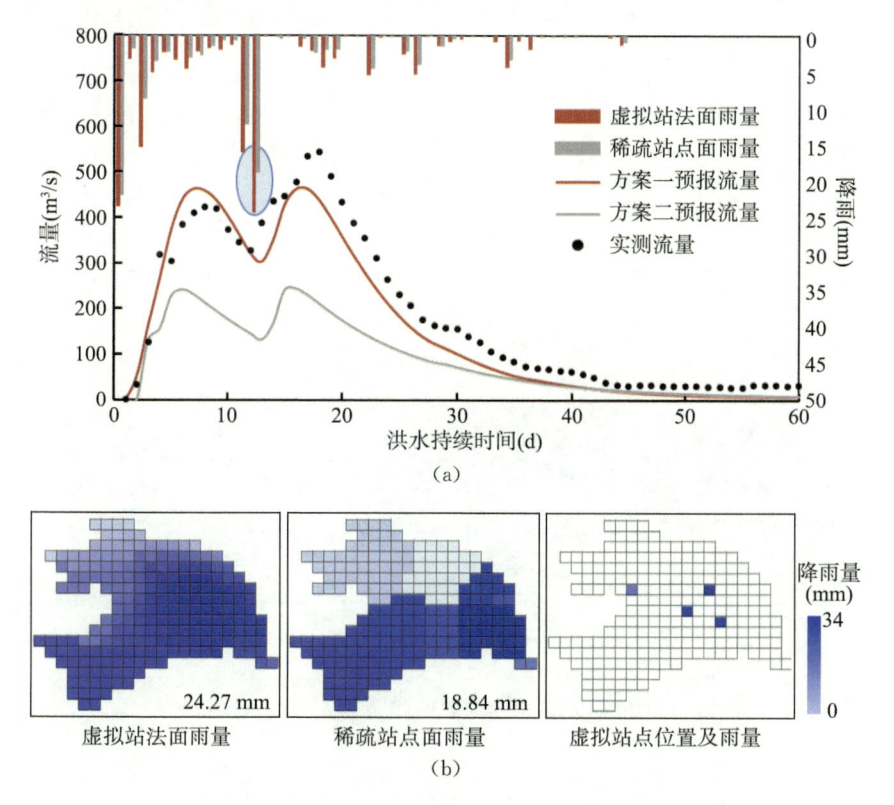

图 7.10 第 11 场洪水两方案的降雨输入和洪水预报效果

从图 7.11(a)可见,方案一和方案二均高估了第 12 场洪水的洪峰和洪量,其中方案二高估的幅度更大。与第 11 场洪水相反,在第 12 场洪水期间,几乎每日的稀疏站点面雨量均略高于虚拟站法面雨量。图 7.11(b)以该场洪水的第 7 个时段的降雨为例展示了虚拟站法和稀疏站点泰森多边形法估计的降雨场及面雨量,针对该日降雨场,虚拟站法在流域内设置了多个虚拟站点,虚拟站点的雨量均小于实际站点观测雨量,因此虚拟站法估算的面雨量 24.49 mm 明显低于稀疏站点估计面雨量 35.37 mm。

综合图 7.10 和图 7.11 可见,虚拟站法能够动态调整虚拟站点的数量、位置和雨量,从而通过改进稀疏站点估计的降雨空间分布来改进洪水预报精度。因此,在未来工作中若采用分布式水文模型更能体现虚拟站法的优越性。

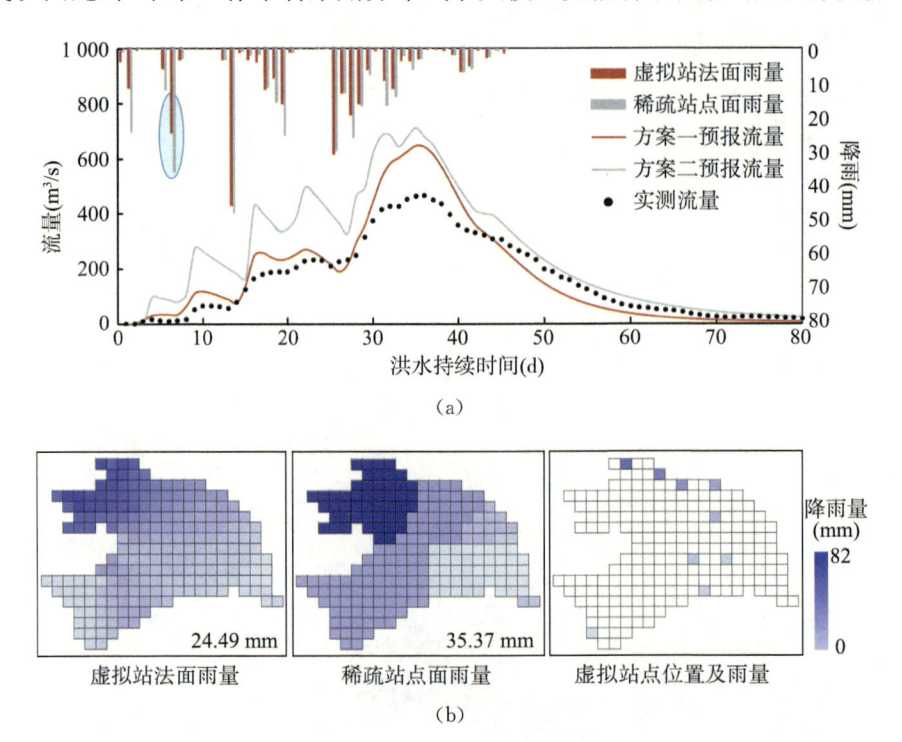

图 7.11 第 12 场洪水两方案的降雨输入和洪水预报效果

7.6　本章小结

虚拟站法框架中的基础方法包含逐网格融合方法和空间插值方法，本书算例中以随机森林法和反距离权重插值法作为虚拟站法的基础方法。用密集的实测雨量资料检验了虚拟站法的优势，得出以下结论：

（1）降雨估计总体精度对比表明（平均站点密度 3 250 km^2/站），虚拟站法的精度最优，相较于随机森林法和反距离权重法，相关系数分别提高了 7.1% 和 11.1%，均方根误差分别降低了 8.0% 和 7.7%；相较于输入产品中的最优产品 IMERG-L 和最劣产品 ECMWF，相关系数分别提高了 39.6% 和 160.9%，均方根误差分别降低了 32.2% 和 36.3%。平均每个降雨场使用 10.82 个虚拟站点，与实际站点数量（10 个）近似相等。

（2）逐降雨场精度对比表明，基于虚拟站法融合多源降雨数据，降水产品可改进 80% 天的降雨场，且对未改进的降雨场干扰较小，而基于随机森林法，降水产品仅能改进 59% 天的降雨场，且对未改进的降雨场干扰显著。当雨量站网观测降雨场的能力较弱时，即反距离权重法精度较低时，无论基于虚拟站法还是基于随机森林法，融入降水产品总能补充降雨场信息，但当雨量站网观测降雨场的能力较强时，虚拟站法可自适应地减少虚拟站点的数量，与逐网格利用降水产品的随机森林法相比，虚拟站法削弱了产品误差带来的干扰。

（3）不同站点密度下降雨估计精度对比表明，在任一站点密度条件下，虚拟站法均优于其基础方法，而逐网格降雨融合方法仅在站点稀疏条件下较优，站点雨量空间插值方法仅在站点密集条件下较优；在站点逐渐稀疏的条件下，虚拟站法逐渐趋于接近逐网格融合方法；在站点逐渐密集的条件下，虚拟站法逐渐趋于接近雨量插值方法。

（4）虚拟站法估计面雨量和稀疏站点估计面雨量分别驱动新安江模型的洪水预报结果表明，虚拟站法估计面雨量驱动的洪水预报精度更优、场次洪水预报合格率更高。虚拟站法估计面雨量在雨量站稀疏地区具有较好的水文效用，但仍存在部分场次洪水预报精度偏低的情况，有待后续章节改进。

8 动态约束下的多源降雨与水文模型的耦合方法研究

为论证本书提出的动态约束下的多源降雨与水文模型的耦合方法的优势,本方法分别与扰动单产品形成的区间约束校正、单产品驱动下的无约束校正和单产品驱动下的无校正预报三个方案展开多方面对比;而为控制变量和简化叙述,本章方法与融合潜力量化方法、虚拟站点融合方法的集成将在第九章开展。值得一提的是,驱动本方法的降雨数据可全部源自降水产品,不依赖站点实测雨量,本节将区域 A 作为无雨量站地区,未考虑临近流域的雨量站。因此不仅为第九章雨量站稀疏流域的洪水预报提供模型基础,还可以用于无雨量站地区的洪水预报。

8.1 对照试验方案设置

为分析多产品约束下的产流实时校正(M-C,Multiple products-Constraint correction)的优势,本书设置的 3 个对照试验方案如下:①单产品驱动的有约束产流实时校正(S-C,Single product-Constraint correction),其中校正约束通过扰动单源降水产品获得;②单产品驱动的无约束产流实时校正方案(S-U,Single product-Unconstraint correction);③单产品驱动的无校正的开环方案(OL,Open Loop)。各方案模型参数分别单独率定,各方案洪水预报步骤细节如下。

(1) 单产品扰动约束下的产流实时校正(S-C)

S-C 的洪水预报步骤与 4.3 节中所述的 M-C 的洪水预报步骤相似,唯一的不同点在于约束边界矩阵 $\overline{L}$ 和 $\underline{L}$ 的生成方式。在 M-C 方案中,该约束是通过 h 种降雨数据分别驱动产流模型后取最大值和最小值生成的;而在 S-C 方案中,该约束是通过扰动单源降水产品驱动产流模型的计算结果生成的。在 S-C 方案中,上边界约束矩阵 $\overline{L}$ 和下边界约束矩阵 $\underline{L}$ 的计算如式(8.1)和(8.2)所示。

$$\overline{L}=(1+\tau)L \tag{8.1}$$

$$\underline{L}=(1-\tau)L \tag{8.2}$$

其中 τ 为扰动幅度,本书选取 4 种扰动幅度,分别为 25%、50%、75% 和 100%,从而分析扰动幅度对洪水预报精度的影响。

(2) 单产品驱动的无约束产流实时校正(S-U)

S-U 的洪水预报思路与 M-C 的思路相似,通过同时线性缩放 L 的第 i 列中的所有元素来校正 NR_i,与 M-C 的不同点在于,在 S-U 方案中,L 的列的线性缩放无约束,因此将式(4.7)中的 A 直接替换为一个缩放系数向量 A',如式(8.3)所示,

$$Q^c = LA' \tag{8.3}$$

其中,$A'=[\alpha_1,\alpha_2,\cdots,\alpha_n]^T,\alpha_i\in[0,+\infty),\alpha_i=1$ 表示未校正 NR_i。校正过程的主要任务为求解 A',利用最小二乘法求解 A' 的目标是最小化校正后流量 Q^c 和观测流量 Q^{ob} 之间的差异 ε。

洪水实时校正是在洪水发生过程中求解式(8.3),若洪水发生了 j 个时段 ($j \leqslant n < m$),则该场洪水的 Q^{ob} 有 j 个元素,根据矩阵运算原则,Q^c 中仅前 j 个元素参与求解,因此式(8.3)转化为式(8.4)。

$$Q^c_{(j)} = L_{(j \times j)} A'_{(j)} \tag{8.4}$$

图 8.1 以 $\delta=1,j=3$ 为例展示了无约束的产流实时校正和预报过程,每阶段的运算目的是求解图中红色元素。

由于 $L_{(j \times j)}$ 是严格下三角矩阵,$A'_{(j)}$ 中仅前 $j-\delta$ 个元素有确定解(图 8.1 例中 α_1 和 α_2),余下的 δ 个元素(图 8.1 例中 α_3)的解不唯一。与 M-C 同理,令 $A'_{(j)}$ 中余下的 δ 个元素等于 $\alpha_{j-\delta}$,如图 8.1 例中红色箭头所示,利用式

(8.5)和(8.6)计算未来流量过程。

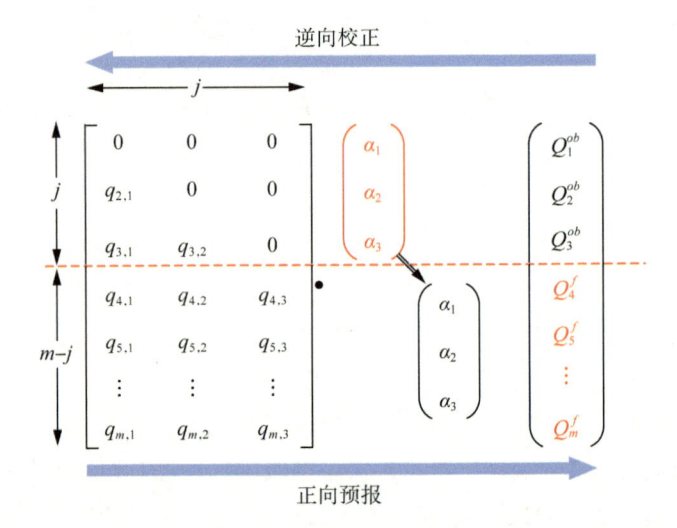

图 8.1 无约束的产流实时校正和预报实例，以 $\delta=1, j=3$ 为例

$$\begin{pmatrix} Q_{j+1}^f \\ Q_{j+2}^f \\ \vdots \\ Q_m^f \end{pmatrix} = \begin{bmatrix} q_{j+1,1} & q_{j+1,2} & \cdots & q_{j+1,j} \\ q_{j+2,1} & q_{j+2,2} & \cdots & q_{j+2,j} \\ \vdots & \vdots & \ddots & \vdots \\ q_{m,1} & q_{m,2} & \cdots & q_{m,j} \end{bmatrix} \begin{pmatrix} \alpha_1 \\ \vdots \\ \alpha_{j-\delta} \\ \vdots \\ \alpha_{j-\delta} \end{pmatrix} \tag{8.5}$$

$$Q_{(m-j)}^f = L_{[(m-j)\times j]} A'_{(j)} \tag{8.6}$$

其中 $L_{[(m-j)\times j]}$ 为 L 的 $j+1 \sim m$ 行、$1 \sim j$ 列子矩阵。

(3) 单产品驱动的无校正方案（OL）

OL 的洪水预报过程不进行校正或更新，即

$$Q^f = LA \tag{8.7}$$

其中 $A = [1, 1, \cdots, 1]^T$。

8.2　不同对照方案的洪水预报结果对比

本节以区域 A 为例,首先,总体对比了 M-C 与三种对照试验的综合洪水预报精度;然后,依次详细对比了 M-C 和 OL、M-C 和 S-U、M-C 和 S-C 的各项洪水预报精度指标,从而分别突出体现产流校正的意义、约束校正的意义、以多源降雨数据作为校正约束的意义。

在 M-C 中,需要至少 2 种降雨数据驱动模型从而形成产流实时校正的约束,而在 S-C、S-U 和 OL 中,仅需要 1 种降雨数据即可驱动模型。为在对比中控制变量,突出本章提出的 M-C 的特点,本节未耦合第二章和第三章提出的方法,仅根据经验选用被普遍认为精度较高的 4 种短滞时的多传感器联合遥感降水产品驱动 M-C:GSMaP-N、GSMaP-GN、IMERG-E 和 IMERG-L;选用普遍认为精度最高的 IMERG-L 驱动 S-C、S-U 和 OL。对于 S-C,分别选用 25%、50%、75% 和 100% 的扰动幅度形成产流实时校正的约束。

(1) 预报精度总体对比

表 8.1 对比了 M-C 和对照试验方案 S-C、S-U 和 OL 的率定期和验证期洪水预报精度。在率定期,各洪水预报方案的综合精度指标 RMD 介于 0.43~0.86,其中 OL 由于未经任何校正,精度最低,RMD 为 0.43,显著劣于其他预报方案;其次,S-C(25%) 精度较低,RMD 为 0.68;其他预报方案精度相似,RMD 为 0.83~0.86。在验证期,各洪水预报方案的综合精度指标 RMD 介于 0.22~0.73,其中精度最高的是本书提出的 M-C(RMD 为 0.73);其次是 S-C(75%)、S-C(50%)、S-C(100%) 和 S-U(RMD 为 0.51~0.67);精度最低的是 OL 和 S-C(25%),RMD 分别为 0.22 和 0.24。S-C(25%) 和 OL 表现相似,原因在于 25% 的扰动幅度较小,产流可校正范围偏小,该扰动方案下的 S-C 的精度趋近于无校正方案 OL。综合率定期和验证期可知,M-C 的洪水预报精度最好,OL 的洪水预报精度最差,S-C 和 S-U 的洪水预报精度介于 M-C 和 OL 之间,OL 精度劣于其他方案说明了实时校正对于无资料地区洪

水预报具有重要意义。验证期 M-C 的洪水预报精度最高,与率定期的精度差距最小,表明相比于对照方案,基于 M-C 率定的模型参数更能代表流域产汇流特征。

表 8.1　M-C 与对照试验方案的洪水预报精度指标

评价指标	M-C	OL	S-U	S-C 25%	S-C 50%	S-C 75%	S-C 100%
率定期 RMD	0.86	0.43	0.85	0.68	0.85	0.83	0.83
验证期 RMD	0.73	0.22	0.61	0.24	0.55	0.67	0.51

表 8.2 展示了基于 M-C、S-C、S-U 和 OL 率定的模型参数。在产流过程模拟涉及的参数中,Kc 影响着水量平衡,本章涉及的各方案间的降雨输入存在较大差异,导致 Kc 相差较大。区域 A 地处大兴安岭地区,属于半湿润地区且植被土壤发育较好,根据以往研究经验[136],半湿润地区 Wm 约为 150～200 mm,植被和土壤发育较好的地区 Um 应大于 20 mm,土深林茂的地区 Sm 大于 20 mm。本章涉及的各方案中,在 Wm 方面,除 OL 率定的 Wm 为 131 mm,其他方案的 Wm 均近似于 150 mm(143～156 mm);在 Um 方面,仅 M-C 满足 Um 大于 20 mm,其他方案的 Um 较低(11～18 mm);在 Sm 方面,M-C、S-C(50%)和 S-C(75%)的 Sm 为 32～34 mm,超过了 20 mm,其他方案的 Sm 较低(11～19 mm)。因此,M-C 率定的产流参数相对更符合区域 A 的自然地理特征。

表 8.2　M-C 与对照试验方案的水文模型参数

阶段	新安江模型参数	M-C	OL	S-U	S-C 25%	S-C 50%	S-C 75%	S-C 100%
产流	Kc	0.85	0.65	0.97	0.50	1.20	0.55	0.55
	Um	23	16	12	16	16	18	11
	Lm	70	74	78	71	77	73	68
	C	0.30	0.30	0.30	0.30	0.30	0.30	0.30
	Wm	143	131	144	147	151	147	156
	B	0.19	0.35	0.50	0.10	0.50	0.10	0.23
	Im	0.06	0.06	0.06	0.06	0.06	0.06	0.05

续表

阶段	新安江模型参数	M-C	OL	S-U	S-C 25%	S-C 50%	S-C 75%	S-C 100%
汇流	Sm	34	11	14	19	32	33	13
	Ex	1.40	1.50	1.50	1.49	1.50	1.40	1.50
	Ki	0.48	0.70	0.70	0.15	0.70	0.48	0.12
	Kg	0.22	0	0	0.55	0	0.22	0.58
	Ci	0.10	0.50	0.10	0.12	0.10	0.10	0.67
	Cg	0.998	0.994	0.998	0.908	0.998	0.998	0.944
	Cs	0.887	0.859	0.899	0	0.875	0.845	0
	L	1	1	0	1	1	1	1
	Xe	0	0.39	0	0	0	0	0.50
	Ke	1	1	1	1	1	1	1

(2) M-C 和 OL 的洪水预报对比

表 8.3 从纳什系数、峰现时间误差、洪峰相对误差、洪量相对误差和综合精度指标五个方面对比了 M-C 和 OL 在率定期和验证期的整体洪水预报精度。可见，无论验证期还是率定期，在纳什系数、洪峰相对误差和洪量相对误差方面，M-C 均显著优于 OL。

表 8.3 M-C 和 OL 的洪水预报精度对比

评价指标	率定 M-C	率定 OL	验证 M-C	验证 OL
NSE_{all}	0.87	0.60	0.88	0.30
$EPT_{平均}$(d)	1.9	1.2	2.0	1.0
$RFP_{平均}$(%)	17.27	46.43	25.66	73.13
$RFW_{平均}$(%)	12.61	29.68	22.46	68.22
RMD	0.86	0.43	0.73	0.22

表 8.4 对比了 M-C 和 OL 的场次洪水预报纳什系数。NSE(M-C) 和 NSE(OL) 的差 ΔNSE 均大于 0，说明每场洪水的预报精度 M-C 均优于 OL。

M-C 的洪水预报效果明显优于 OL（$\Delta NSE > 0.3$）的洪水共 12 场，分别为 No.3、No.4、No.6、No.7、No.8、No.9、No.10、No.13、No.14、No.16、No.17 和 No.18。洪峰超过 1 000 m³/s 的 3 场洪水 No.7、No.10 和 No.18 对防洪安全威胁较大，是洪水预报精度改进的首要关注对象。上述三场洪水的 ΔNSE 均超过 0.45，洪水预报精度改进显著。M-C 轻微优于 OL（$\Delta NSE \leqslant 0.3$）的洪水均为小洪水，洪峰为 307 m³/s～676 m³/s，该类洪水对防洪安全威胁较小，可在后续研究中进一步改进。

表 8.4　M-C 和 OL 的场次洪水预报精度对比

序号	洪号	洪峰流量(m³/s)	NSE(M-C)	NSE(OL)	ΔNSE
1	20100804	541	0.91	0.70	0.21
2	20110601	634	0.93	0.78	0.15
3	20110727	523	0.85	0.52	0.33
4	20120611	247	0.82	0.24	0.58
5	20120628	676	0.96	0.89	0.07
6	20120720	279	0.82	0.46	0.36
7	20130728	1 093 和 1 031	0.79	0.30	0.49
8	20140607	449	0.93	0.61	0.32
9	20140704	563	0.97	0.66	0.31
10	20140825	1 389	0.89	0.44	0.45
11	20150606	423 和 544	0.94	0.91	0.03
12	20150721	465	0.63	0.60	0.03
13	20160831	320	0.88	0.43	0.45
14	20180604	248	0.77	−2.22	2.99
15	20180706	307	0.80	0.78	0.02
16	20180729	499	0.72	0.10	0.62
17	20180829	632	0.94	0.38	0.56
18	20190820	1244	0.91	0.33	0.58

图 8.2 和图 8.3 分别对比了率定期和验证期 M-C 和 OL 的场次洪水预报过程。图 8.3 中以 No.14 和 No.15 两场洪水为例,详细展示了 M-C 洪水产流时段的产流校正系数。对于 No.14 洪水前 6 个时段的洪水预报,M-C 的产流校正系数均为 0,即雨量最小的降水产品起作用,而驱动 OL 的 IMERG-L 在相应时段均为雨量最大的降水产品,因此,在 No.14 洪水起涨的前段,OL

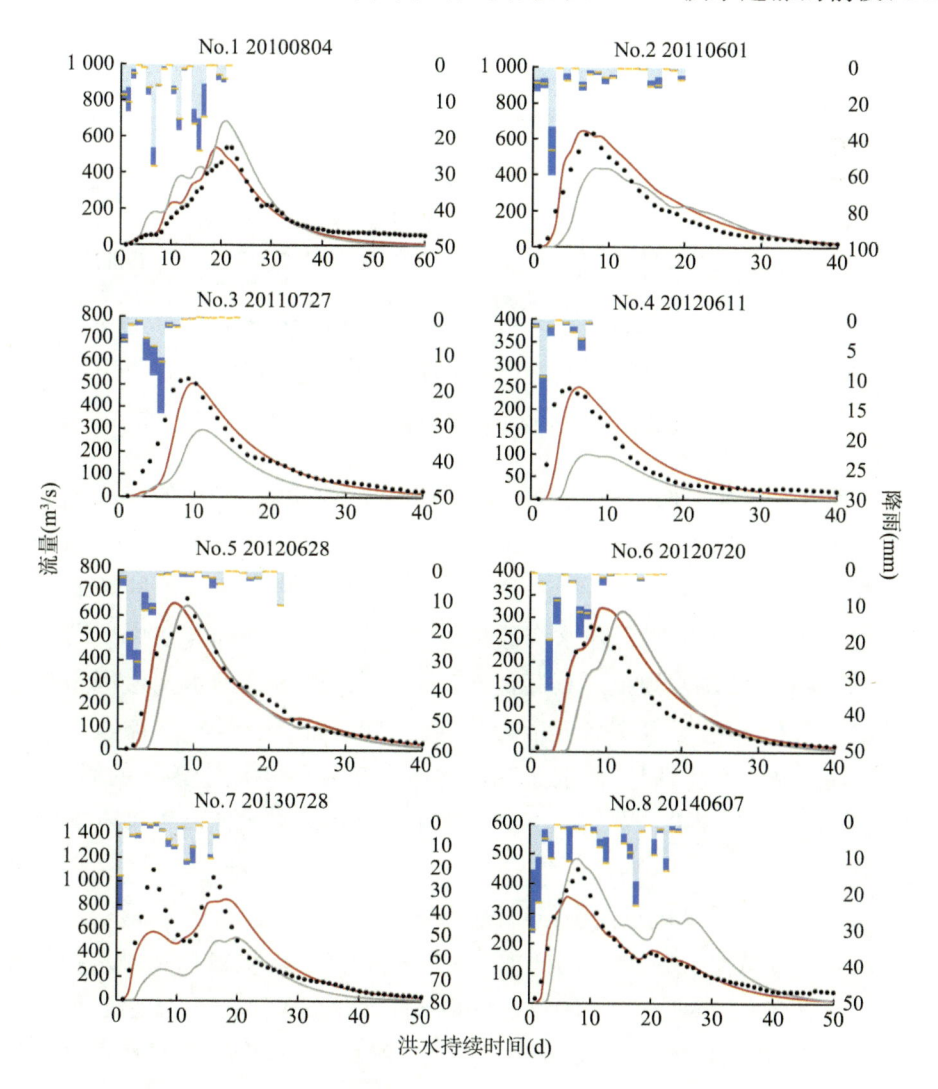

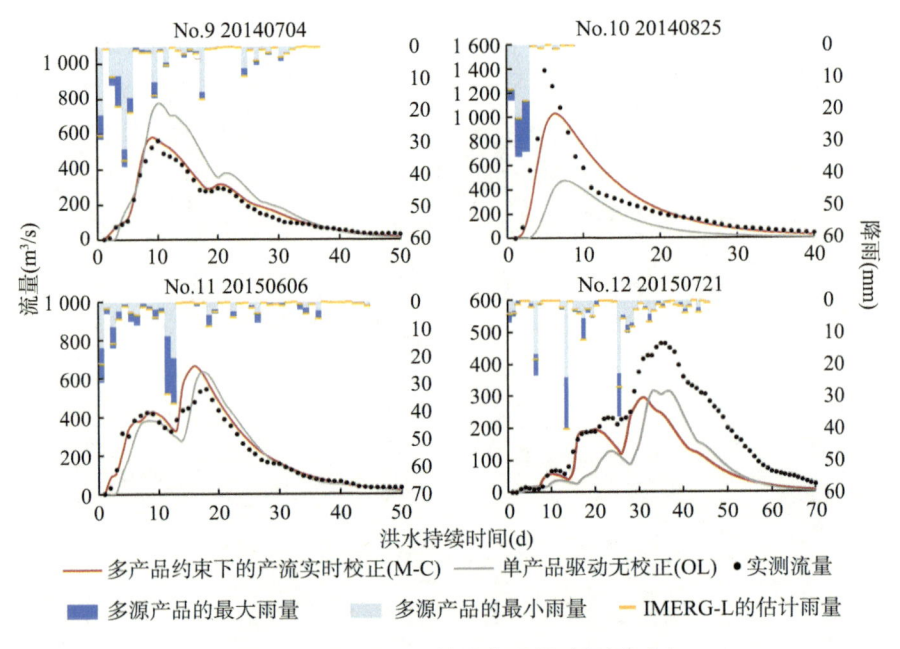

图 8.2 M-C 和 OL 的洪水预报过程(率定)

的洪水预报过程显著偏高；对于 No.14 洪水起涨的后段，M-C 的产流校正系数为 0.71，即校正后的产流在产流最小值和产流最大值形成的区间内约 70% 的位置。对于 No.15 洪水，M-C 前 3 个产流校正系数为 0，余下的产流校正系数为 1，而实际起作用的降水产品恰好为 IMERG-L，因此，在该场洪水期间，M-C 和 OL 的洪水预报过程相似，细微区别由两方案的水文模型参数不同导致。综上，得益于以实测流量为基准逐时段校正产流，M-C 能够在区间范围内动态调整产流估计，削弱了降雨输入不确定性对洪水预报的影响，而 OL 的产流仅通过单源产品计算且未经校正，因此受降水产品不确定性的影响较强。

(3) M-C 和 S-U 的洪水预报对比

表 8.5 从纳什系数、峰现时间误差、洪峰相对误差、洪量相对误差和综合精度指标五个方面对比了 M-C 和 S-U 在率定期和验证期的整体洪水预报精度。率定期二者的 RMD 相似，分别是 0.86 和 0.85，但验证期 M-C 的洪水预报精度显著优于 S-U，二者的 RMD 分别为 0.73 和 0.61。M-C 主要在纳什

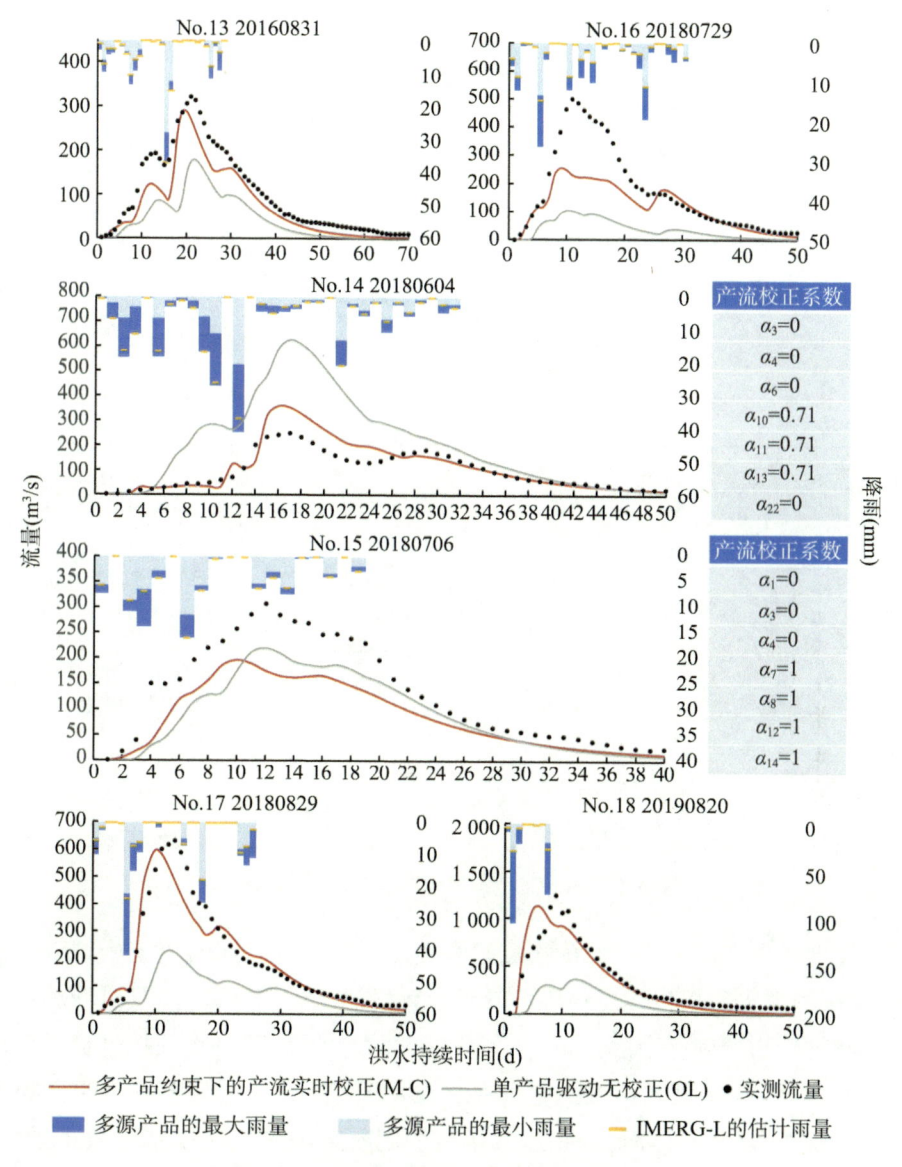

图 8.3 M-C 和 OL 的洪水预报效果(验证)

系数方面优于 S-U,率定期二者纳什系数分别为 0.87 和 0.78,验证期纳什系数分别为 0.88 和 0.79;而在洪峰相对误差和洪量相对误差方面,M-C 与 S-U

表现相似,甚至轻微劣于 S-U。

表 8.5　M-C 和 S-U 的洪水预报精度对比

评价指标	率定 M-C	率定 S-U	验证 M-C	验证 S-U
NSE_{all}	0.87	0.78	0.88	0.79
$EPT_{平均}$(d)	1.9	2.0	2.0	3.2
$RFP_{平均}$(%)	17.27	14.58	25.66	25.12
$RFW_{平均}$(%)	12.61	11.72	22.46	20.25
RMD	0.86	0.85	0.73	0.61

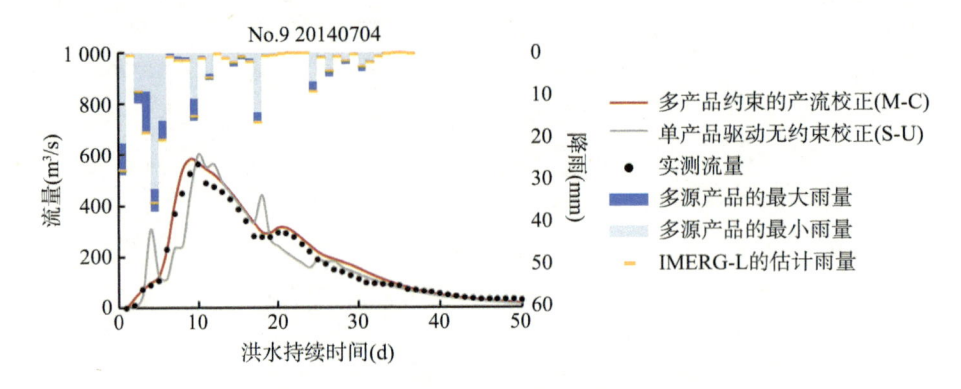

图 8.4　M-C 和 S-U 场次洪水预报过程举例

图 8.4 以 No.9 洪水的预报过程为例进一步论述在产流校正中约束的意义,S-U 的洪水预报过程总体上能够反映该场洪水的涨落趋势,且洪峰和洪量的预测均较为准确,但受降水产品不确定性的影响,S-U 洪水预报过程局部波动性显著,降低了洪水预报的纳什系数。同时,基于 S-U 方案率定水文模型参数容易过拟合,具体而言,在参数率定的同时无限制地调整产流校正系数,产流校正仅为拟合实测流量而失去物理意义,使得洪水预报精度较容易地达到率定最优值,而忽视了水文模型参数的率定。因此,在产流实时校正过程中引入约束可有效提高洪水预报的稳定性和水文模型参数率定的可靠性。

（4）M-C 和 S-C 的洪水预报对比

表 8.6 从纳什系数、峰现时间误差、洪峰相对误差、洪量相对误差和综合精度指标五个方面对比了 M-C 和 S-C(50%)在率定期和验证期的整体洪水预报精度。在率定期，二者的洪水预报精度相近；在验证期，S-C（50%）的 RMD 降低至 0.55，显著低于 M-C 验证期精度（RMD 为 0.73）。M-C 主要在洪峰模拟方面优于 S-C，率定期二者的洪峰相对误差分别是 17.27% 和 19.35%，验证期洪峰相对误差分别是 25.66% 和 32.37%。

表 8.6 M-C 和 S-C 的洪水预报精度对比

评价指标	率定 M-C	率定 S-C (50%)	验证 M-C	验证 S-C (50%)
NSE_{all}	0.87	0.86	0.88	0.83
$EPT_{平均}$(d)	1.9	1.9	2.0	2.5
$RFP_{平均}$(%)	17.27	19.35	25.66	32.37
$RFW_{平均}$(%)	12.61	12.05	22.46	27.98
RMD	**0.86**	**0.85**	**0.73**	**0.55**

图 8.5 以 No.4 洪水的预报过程为例进一步论述洪峰精度较差的原因。可见，M-C 和 S-C 的产流校正系数均为 1，即产流取产流约束的上限，M-C 中产流约束的上限是雨量最大的降水产品模拟的产流，S-C 中产流约束的上限

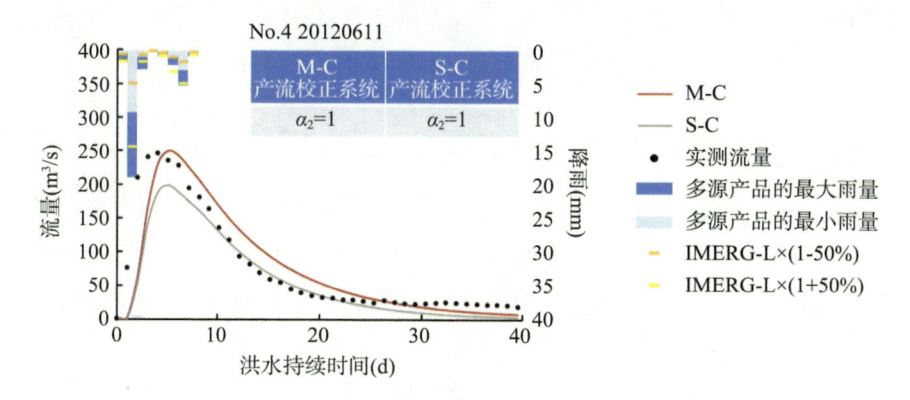

图 8.5 M-C 和 S-C 场次洪水预报过程举例

是 IMERG-L 模拟产流的 1.5 倍,从 No.4 洪水峰前降雨可见,1.5 倍的 IME-RE-L 小于多源产品最大雨量,因此 S-C 的预报流量小于 M-C 的预报流量。由于无/短滞时降水产品精度低,单源降水产品可能在某些时段严重偏离降雨真值,从而在扰动约束内难以被校准,而多源降水产品可通过相互配合减少严重偏离降雨真值的情况。因此,采用多源降水产品生成产流校正时的约束有助于削弱降水产品不确定性对场次洪水预报精度的影响。

8.3　多流域洪水预报结果分析

本节以 7 个流域为例检验 M-C 在不同地区的适用性。7 个验证流域(含区域 A)面积和气候条件各不相同,流域的序号按流域面积从小到大排序。流域面积均匀地分布在 2 000 km² ~ 32 000 km² 之间,其中面积最小的流域为①碧流河流域(2 061 km²),该流域为碧流河水库控制流域,关注日累计洪量预报,因此,虽然该流域的汇流时间较短(约 12 h),也被本节选为算例进行日尺度洪水预报。在 7 个验证流域中,有 5 个流域位于中高纬度,分别是②格尼、③科后、④加格达奇、⑤小二沟(区域 A)以及⑦库莫屯,上述 5 个流域位于嫩江流域上游,具有相似的气候特征;①碧流河位于 39.55°N ~ 40.35°N、122.31°E ~ 122.89°E,在 7 个流域中纬度中等且临近海洋;⑥赤水河位于 27.20°N ~ 28.83°N、104.72°E ~ 106.99°E,在 7 个流域中纬度最低且位于内陆。

新增的 6 个流域出口流量的时间序列长度如下:①碧流河 2006 年至 2018 年;②格尼 2013 年至 2018 年;③科后 2014 年至 2018 年;④加格达奇 2010 年至 2014 年;⑥赤水河 2015 年至 2018 年;⑦库莫屯 2013 年至 2018 年,均涉及 8 场洪水,其中前 5 场洪水用于率定水文模型参数,后 3 场洪水用于验证洪水预报精度。在本节算例中 7 个流域均未使用站点实测降雨。M-C、S-C、S-U 和 OL 的降水产品选用与 8.2 节保持一致。

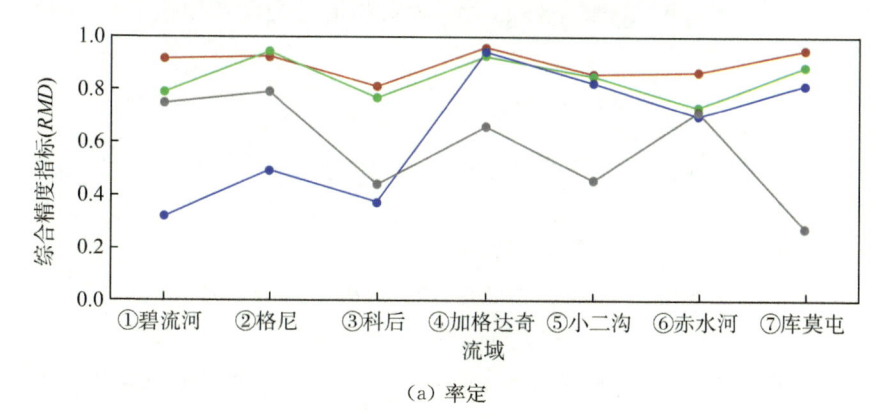

表 8.7　M-C 在 7 个验证流域的洪水预报精度指标

阶段	评价指标	①碧流河	②格尼	③科后	④加格达奇	⑤小二沟	⑥赤水河	⑦库莫屯
率定	NSE_{all}	0.80	0.84	0.74	0.83	0.87	0.85	0.92
	$EPT_{平均}$(d)	0.6	1.2	1.9	1.0	1.9	0.2	1.0
	$RFP_{平均}$(%)	15.44	12.40	13.48	8.53	17.27	16.21	14.55
	$RFW_{平均}$(%)	13.11	11.71	14.34	5.91	12.61	23.96	5.52
验证	NSE_{all}	0.87	0.85	0.82	0.87	0.88	0.78	0.70
	$EPT_{平均}$(d)	0.4	1.6	1.8	1.0	2.0	0.6	1.4
	$RFP_{平均}$(%)	16.73	11.15	10.91	27.74	25.66	12.03	8.32
	$RFW_{平均}$(%)	5.27	8.84	23.17	15.04	22.46	26.38	4.46

表 8.7 详细展示了 M-C 在 7 个流域率定期和验证期的纳什系数、洪峰相对误差、峰现时间误差和洪量相对误差。验证期和率定期的评价结果十分相近，例如纳什系数率定期为 0.74~0.92、验证期为 0.70~0.88。部分评价指标验证期优于率定期，例如，②格尼和⑦库莫屯的洪峰相对误差和洪量相对误差。也存在少数指标验证期劣于率定期，例如，加格达奇的洪峰相对误差率定期为 8.53%，但验证期为 27.74%，原因在于，④加格达奇的验证期中的 20130715 号洪水持续时间长且为多峰洪水，第一个洪峰与最后一个洪峰相距 24 d，在本书的预报试验中，M-C 该场洪水的最高洪峰预报偏高了 37.5%，导致 $RFP_{平均}$ 整体偏高。M-C 方案各流域验证期与率定期的洪水预报精度一致性显著，进一步表明基于 M-C 率定的水文模型参数具有可靠性。

(a) 率定

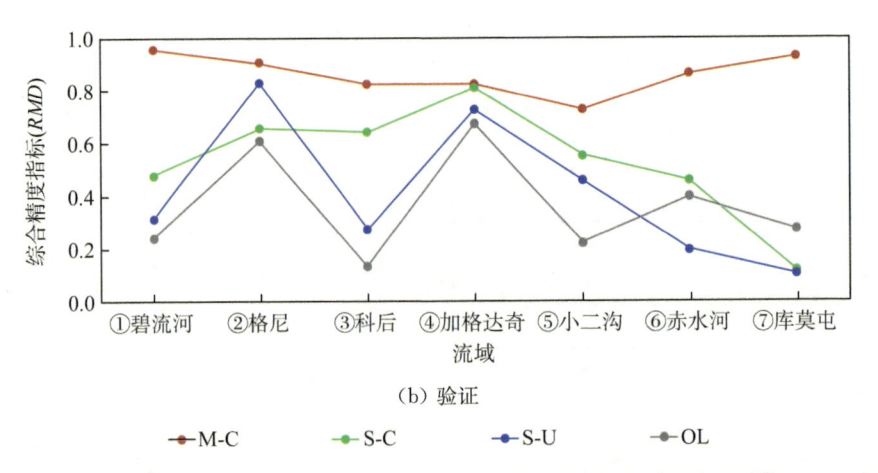

图8.6 M-C与对照试验方案在7个验证流域的洪水预报精度对比

图 8.6 展示了 M-C、S-C(50%)、S-U 和 OL 在 7 个流域率定期(a)和验证期(b)的综合精度评价指标 RMD，其中红色点线代表本书提出的 M-C。无论在率定期还是验证期，图 8.7 红色点线始终位于其他点线上方，可见 M-C 在各流域的洪水预报精度最高。在 7 个流域，M-C 方案率定期和验证期 RMD 分别不低于 0.80 和 0.73；S-C 方案虽然率定期与 M-C 方案表现相似，RMD 不低于 0.73，但在大部分流域验证期的 RMD 明显劣于 M-C，例如⑦库莫屯的 RMD 仅为 0.12；S-U 方案在各个流域的预报精度十分不稳定，率定期 RMD 介于 0.32~0.95，验证期 RMD 介于 0.10~0.83；综合率定期和验证期，OL 方案在各个流域的预报精度最低。因此，相较于其他预报方案，M-C 适用于不同面积大小和气候条件的无降雨资料流域的洪水预报。

8.4 降水产品输入对洪水预报精度的影响

为分析不同降水产品输入对 M-C 洪水预报精度的影响，并归纳有助于提高洪水预报精度的多源降水产品的特点，本节在区域 A 采用多种产品组合方案驱动 M-C，水文模型参数与 8.2 节中 M-C 率定的参数保持一致，并采用综

合精度指标 RMD 衡量洪水预报精度。区域 A 的数据为 2010—2019 年数据,共 10 年,而降水产品 JMA 始于 2014 年,缺乏 4 年数据,因此,可供选择的产品是除 JMA 外的 8 种无/短滞时降水产品,即 GSMaP-N、GSMaP-GN、IMERG-E、IMERG-L、PERSIANN-CCS、CMA、ECMWF 和 NCEP,每个产品组合中至少包含 2 种产品,最多包含 8 种产品,因此共有 247 种组合($\sum_{s=2}^{8} C_8^s = 247$),组合中包含的产品数量与相应的组合数量如表 8.8 所示。

表 8.8 组合中包含的产品数量与相应的组合数量

组合中产品数量	组合数量	组合中产品数量	组合数量
2	28	6	28
3	56	7	8
4	70	8	1
5	56		

图 8.7 展示了不同降水产品组合驱动 M-C 的洪水预报精度 RMD,洪水预报精度 RMD 介于 0.47 和 0.87 之间,可见,不同降雨输入对 M-C 精度的影响显著。247 种降水产品组合驱动 M-C 的洪水预报精度在图 8.7 中按组合中产品数量分类展示,图中还展示了相同产品数量下洪水预报精度最优和最劣的组合的产品组成。对比最优组合和最劣组合的产品组成,各产品数量下的最劣组合均包含 PERSIANN-CCS,而最优组合中均不包含该产品,因此可见,驱动 M-C 时在降水产品组合中选用精度最低的 PERSIANN-CCS 会对洪水预报产生干扰。由各产品数量下最优产品组合可见,随着产品数量的增加,当产品数量由 2 种升至 3 种时,最优组合的洪水预报精度由 0.84 提高至 0.87,提高幅度相对明显,当产品数量由 3 种升至 6 种时,最优组合的洪水预报精度由 0.87 降低至 0.84,降低幅度较小,最后当产品数量由 6 种升至 8 种时,最优组合的洪水预报精度由 0.84 降低至 0.76,降低幅度显著。产品数量为 3 种时的最优产品组合在 247 种组合方案中洪水预报精度最高,其组成为 GSMaP-GN、IMERG-L 和 CMA。值得注意的是,最优组合的产品数量与可供选择的产品的性质有关,本节中"最优产品组合的产品数量为 3 种"的结论仅限可供选择的产品为 GSMaP-N、GSMaP-GN、IMERG-E、IMERG-L、

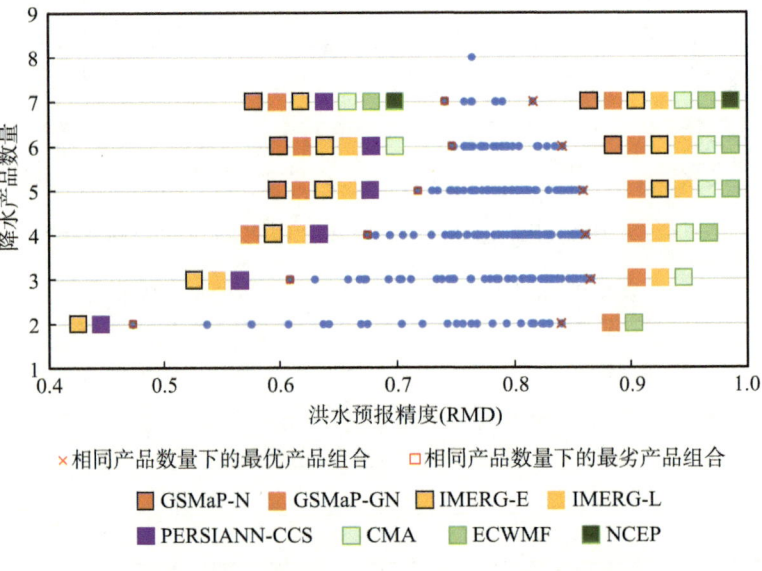

图 8.7 不同产品组合驱动 M-C 的洪水预报精度

PERSIANN-CCS、CMA、ECMWF 和 NCEP 时。因此，须进一步归纳有助于提高洪水预报精度的产品组合的特点。

分析并归纳洪水预报精度高的产品组合的特点，需首先量化降水产品组合的性质。采用 2.2 节的 $PMOI$ 和 RB 量化降水产品组合的性质，采用区域 A 临近流域的雨量站实测场次降雨总量计算各产品组合的 $PMOI$ 和 RB，其中任意站点的时段观测降雨连续大于 0.1 mm 记为一场降雨，247 个产品组合的 $PMOI$ 和 RB 如图 8.8(b) 中蓝色散点所示。$PMOI$ 和 RB 均为越小越优型指标，因此图 8.8(b) 中越接近散点下包线的产品组合越好，下包线上不同的散点代表对 $PMOI$ 和 RB 侧重不同时的最优产品组合。

图 8.8 中两个子图的红色散点标记了洪水预报精度较高（$RMD \geqslant 0.85$）的降水产品组合，两个子图的红色散点相互对应。可见，图 8.8(b) 中红色散点均临近散点图的下包线，且 $PMOI$ 略重要于 RB。因此，洪水预报精度高的产品组合须满足：①多源降水产品形成的区间需尽可能地覆盖实测值；②区间宽度不能过大；③条件①略重要于条件②。

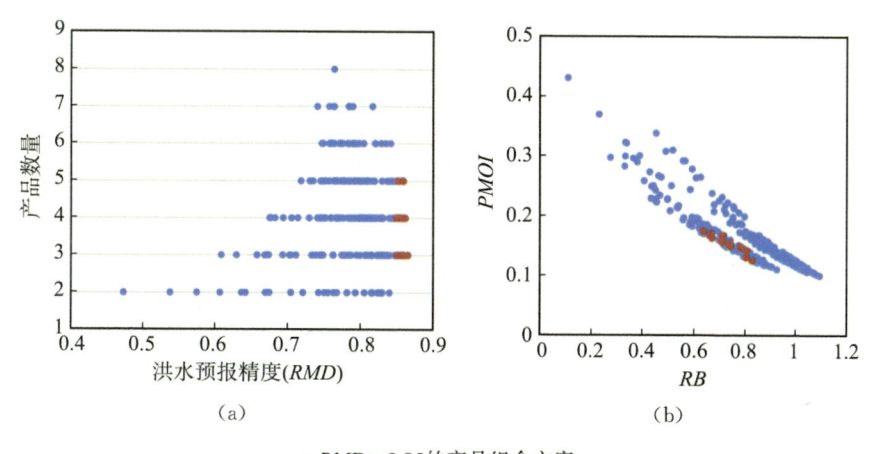

图 8.8　洪水预报精度 $RMD \geqslant 0.85$ 的产品组合的特点

图 8.9 展示了 247 个降水产品组合的融合潜力和驱动 M-C 的洪水预报精度，在计算融合潜力时，设 $PMOI$ 的权重为 0.6，RB 的权重为 0.4，二者相关系数为 0.86，相关性明显。图 8.9 突出指出了 3 个产品组合并标记其产品组成，

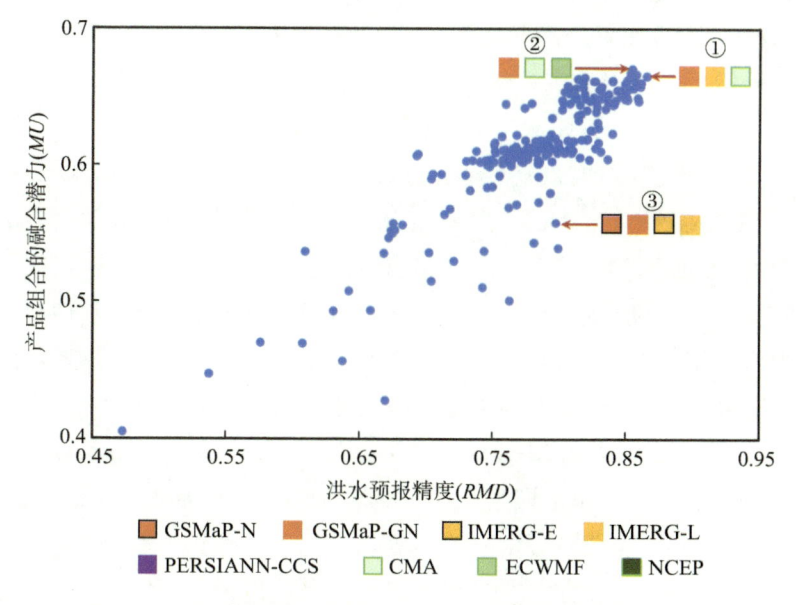

图 8.9　不同产品组合驱动下的 M-C 精度与融合潜力的关系

分别为①洪水预报精度最高的降水产品组合 GSMaP-GN、IMERG-L 和 CMA；②融合潜力最高的降水产品组合 GSMaP-GN、CMA 和 ECMWF；③8.2 节中根据单产品精度选用的降水产品组合 GSMaP-N、GSMaP-GN、IMERG-E 和 IMERG-L。可见，融合潜力最高的产品组合②的洪水预报精度显著高于组合③，而与组合①相近，因此，若区域 A 为雨量站稀疏地区，即若考虑区域 A 临近流域的实测降雨，用融合潜力评价指标选择驱动 M-C 的降水产品组合可进一步提高洪水预报精度，雨量站稀疏地区的洪水预报将在第九章详细讨论。

8.5 本章小结

为论证本书提出的动态约束下的多源降雨与水文模型耦合方法的优势，本方法(M-C)分别与扰动单产品形成的区间约束校正(S-C)、单产品驱动下的无约束校正(S-U)和单产品驱动下的无校正预报(OL)三个方案展开多方面对比，并分析了不同降水产品输入对本方法洪水预报精度的影响。得出以下结论：

（1）区域 A 的多预报方案对比表明，M-C 的精度最优，OL 和 25％扰动下的 S-C 的精度最差，表明了实时校正重要性。S-U 洪水预报局部波动显著，使其纳什系数低于 M-C，表明在实时校正过程中引入约束可有效提高洪水预报的稳定性、削弱校正中的过拟合现象；S-C(50％)的精度相对其他对照方案较优，但仅利用单产品导致洪峰预报精度不稳定，表明采用多源降水产品作为约束能够削弱降水产品不确定性对场次洪水预报精度的影响。

（2）在 7 个流域应用 M-C 预报洪水，率定期和验证期的洪水预报精度指标十分相似，纳什系数率定期为 0.74～0.92、验证期为 0.70～0.88，仅个别流域的个别指标在验证期显著劣于率定期，因此，基于 M-C 率定模型参数在多流域均具备可靠性。多方案在多流域率定期和验证期的对比表明，M-C 的洪水预报精度最高；S-C 方案虽然率定期与 M-C 方案表现相似，但验证期部分流域精度显著下降,库莫屯的验证期 RMD 仅为 0.12;S-U 方案和 OL 方案精度最低,可见,M-C 适用于不同流域。

(3) 不同降水产品输入对 M-C 洪水预报精度影响显著,任一产品数量下的预报精度最劣的组合均包含精度最低的 PERSIANN-CCS,247 种产品组合中预报精度最优的产品组合是 GSMaP-GN、IMERG-L 和 CMA。采用第六章提出的指标归纳预报精度较优产品组合的特点,结果表明,洪水预报精度高的产品组合须满足多源降水产品形成的区间①对实测降雨的覆盖度高;②宽度小;③覆盖度略重要于宽度。若依据融合潜力选择驱动 M-C 的多源降水产品可进一步提高洪水预报精度。

9 雨量站稀疏地区洪水预报方案研究

雨量站稀疏地区难以准确监测降雨，进而难以准确预报洪水。为改进降雨估计，第三章提出基于虚拟站点的多源降雨数据融合方法，可在不同条件下取得精度相对较高的降雨估计，但也指出降雨估计的误差难以被彻底修正，需深入耦合多源降雨和水文模型从而控制洪水预报的不确定性。

第四章通过多源降水产品与洪水预报校正的深度耦合显著削弱了无雨量站地区洪水预报的不确定性。相较于无雨量站地区，稀疏站点的观测雨量不仅可以作为量化融合潜力的基准，从而优选多源降水产品；还可以与多源降水产品融合，提供一种更高精度的降雨估计。因此，可在第四章提出的动态约束下的多源降雨与水文模型耦合方法（M-C）的基础上，耦合第二章提出的融合潜力量化方法和第三章提出的基于虚拟站点的多源降雨数据融合方法，开展雨量站稀疏地区的洪水预报。

此外，本书根据区域 A 汇流时长和洪水预报侧重对象选取了 9 种滞时不超过 12 h 的降水产品，各降水产品时效性不同。其中，气象模式模拟的降水产品（CMA、ECMWF、JMA 和 NCEP）可在降雨前或降雨过程中获取，可见光/红外遥感产品（PERSIANN-CCS）可在降雨后 0.5 h 内获取，因此上述产品均可视为无滞时产品。雨量站测得降雨量后，即可结合上述产品开展无滞时的雨量站稀疏地区的洪水预报。在此基础上，降雨后 4 h 可获取 GSMaP-N、GSMaP-GN 和 IMERG-E，降雨后 12 h 可进一步获取 IMERG-L，因此，可针对不同需求，开展不同时效的雨量站稀疏地区洪水预报。

本章将区域 A 临近流域的雨量站纳入考量，研究雨量站稀疏地区的洪水预报方案。通过调整 M-C 的多源降雨数据输入，设置 3 种雨量站稀疏地区洪水预报方案，探究第二章、第三章和第四章提出的方法的最优集成应用方式；在此基础上，分析无滞时、滞后 4 h 和滞后 12 h 的洪水预报效果，并推荐雨量站稀疏地区洪水预报方案。

9.1 融合潜力、虚拟站法与 M-C 的集成方案

9.1.1 预报方案设置

第八章以无雨量站地区为例说明了 M-C 的优越性。与第八章的不同之处在于，本章将区域 A 临近流域的雨量站纳入考量。因此在第八章的基础上，可选择利用第二章提出的融合潜力量化方法选择多源降水产品，也可选择利用第三章提出的虚拟站法提供一种更高精度的降雨估计。针对第二章、第三章、第四章不同的集成利用方式提出三种适用于雨量站稀疏地区的洪水预报方案，如表 9.1 所示。

表 9.1 雨量站稀疏地区洪水预报方案设置

预报方案	降雨输入	确定降雨输入的方法	水文模型
方案一	GSMaP-GN CMA ECMWF 虚拟站法面雨量	融合潜力量化方法（第二章） 虚拟站法融合框架（第三章）	多源降雨约束下的 产流校正模型（M-C） （第四章）
方案二	GSMaP-N GSMaP-GN IMERG-E IMERG-L 虚拟站法面雨量	传统精度指标评价 虚拟站法融合框架（第三章）	多源降雨约束下的 产流校正模型（M-C） （第四章）
方案三	GSMaP-GN CMA ECMWF	融合潜力量化方法（第二章）	多源降雨约束下的 产流校正模型（M-C） （第四章）

方案一：集成第二章、第三章和第四章方法

①选择驱动 M-C 的多源降水产品。

基于第二章提出的融合潜力量化方法选择驱动 M-C 的多源降水产品。根据 8.4 节归纳的有助于提高 M-C 洪水预报精度的多源降水产品组合的特点，设 $PMOI$ 的权重为 0.6，量化每个产品组合的融合潜力。组合中至少包含 2 种产品，最多包含 8 种产品（JMA 因在区域 A 缺测过多被去除）。由 8.4 节的量化结果可知，融合潜力最高的产品组合是 GSMaP-GN、CMA 和 ECMWF，并计算每种产品估计的流域平均面雨量。

②计算虚拟站法面雨量，与 7.5 节一致。

首先，基于第二章提出的融合潜力量化方法选择驱动虚拟站法的多源降水产品，由于虚拟站法中包含随机森林法，所以设 $PMOI$ 的权重为 0.7，融合潜力最优的产品组合是 GSMaP-GN、IMERG-E、IMERG-L、CMA 和 ECMWF。其次，基于第三章提出的虚拟站点法融合站点实测雨量和多源降水产品，并计算流域平均面雨量。虚拟站法估计雨量不参与融合潜力量化的原因在于，融合潜力的量化须在有站点的位置以实测雨量为基准开展，而虚拟站法估计雨量在有站点处的雨量估计即为实测雨量。

③以 GSMaP-GN、CMA、ECMWF 和虚拟站法面雨量驱动第四章提出的 M-C。

方案二：集成第三章和第四章方法

①计算虚拟站法面雨量，与 7.5 节一致。首先，根据融合潜力选择驱动虚拟站法的多源降水产品，由于虚拟站法中包含随机森林法，所以设 $PMOI$ 的权重为 0.7，融合潜力最优的多源降水产品是 GSMaP-GN、IMERG-E、IMERG-L、CMA 和 ECMWF。其次，基于第三章提出的虚拟站点法融合站点实测雨量和多源降水产品，并计算流域平均面雨量。

②由于驱动第四章提出的 M-C 需要多源降雨数据，因此，依据传统精度评价指标选用精度最高的多源降水产品 GSMaP-N、GSMaP-GN、IMERG-E 和 IMERG-L，协同虚拟站法估计雨量驱动第四章提出的 M-C。

方案三：集成第二章和第四章方法

①基于第二章提出的融合潜力量化方法选择驱动 M-C 的多源降水产品。根据 8.4 节归纳的有助于提高 M-C 洪水预报精度的多源降水产品组合的特

点，设 $PMOI$ 的权重为 0.6。融合潜力最高的产品组合是 GSMaP-GN、CMA 和 ECMWF，并计算每种产品估计的流域平均面雨量。

②以 GSMaP-GN、CMA 和 ECMWF 驱动第四章提出的 M-C。

9.1.2 预报结果分析

分别率定和验证三种洪水预报方案的水文模型参数。表 9.2 展示了方案一、方案二和方案三在率定期和验证期的洪水预报精度，精度评价指标与前述章节保持一致。综合率定期和验证期洪水预报精度可见，方案一优于方案二和方案三。在率定期，三个方案的综合精度指标 RMD 从优至劣依次是方案一 0.95、方案二 0.94 以及方案三 0.92；具体体现为，虽然各方案 4 个方面评价指标差距相对较小，但方案一的各个方面评价指标均优于方案三，同时在纳什系数和峰现时间误差方面优于方案二。在验证期，三个方案的综合精度指标 RMD 从优至劣依次是方案一 0.96、方案三 0.92 以及方案二 0.88，可见方案一相对于方案二和方案三的优势比较显著；具体体现为，方案一的 4 个方面评价指标均优于方案二和方案三，其中方案一和方案二差距显著的是洪峰相对误差，前者为 9.75%，而后者为 20.24%，方案一和方案三差距明显的是纳什系数和峰现时间误差。因此，在雨量站稀疏地区，通过融合潜力选择多源降水产品、利用虚拟站法融合站点观测雨量和降水产品、利用观测流量在约束内校正产流均有助于提高洪水预报精度。

表 9.2 不同集成方式下的洪水预报精度

阶段	评价指标	方案一 虚拟站法降雨 融合潜力最优产品	方案二 虚拟站法降雨 精度最优产品	方案三 融合潜力最优产品
率定	纳什系数 NSE_{all}	0.87	0.83	0.85
	峰现时间误差 $EPT_{平均}(d)$	0.8	1.1	1.3
	洪峰相对误差 $RFP_{平均}(\%)$	11.57	13.77	12.38
	洪量相对误差 $RFW_{平均}(\%)$	9.23	7.46	11.52
	综合精度指标 RMD	**0.95**	**0.94**	**0.92**

续表

阶段	评价指标	方案一 虚拟站法降雨 融合潜力最优产品	方案二 虚拟站法降雨 精度最优产品	方案三 融合潜力最优产品
验证	纳什系数 NSE_{all}	0.93	0.88	0.84
	峰现时间误差 $EPT_{平均}(d)$	0.8	1.0	1.3
	洪峰相对误差 $RFP_{平均}(\%)$	9.75	20.24	11.07
	洪量相对误差 $RFW_{平均}(\%)$	11.24	15.03	11.34
	综合精度指标 RMD	**0.96**	**0.88**	**0.92**

方案一与方案二的对比可以说明根据融合潜力选择多源降水产品在集成方案中的作用。图9.1对比了方案一和方案二场次洪水的预报精度。从图9.1(a)可见，纳什系数低于0.8的洪水，方案一仅有第4场和第7场，而方案二共4场，包括第4、6、7和10场。对于第4场洪水，两方案的纳什系数均显著低于0.8，且方案一劣于方案二，从图9.1(b)～(d)展示的其他精度评价指标可见，方案一预报精度低的主要原因在于高估了洪峰。从图9.1(c)可见，洪峰相对误差超过正负20%的洪水，方案一共3场，分别为第3、4和14场，均为高估洪峰且高估不超过26%，预报偏于安全；方案二共6场，分别为第5、7、10、14、16和18场。从图9.1(d)可见，在率定期，方案一和方案二的洪量相对误差均不超过正负20%；在验证期，洪量相对误差超过正负20%的洪水，方案一仅第16场洪水低估了25%的洪量，方案二有第14场和第18场。综上可见，虽然方案一与方案二表现相近，但在纳什系数和洪峰相对误差方面，方案一的场次洪水预报合格率更高，表明依据融合潜力选择多源产品形成更优的校正约束，能够更准确地预报洪峰。

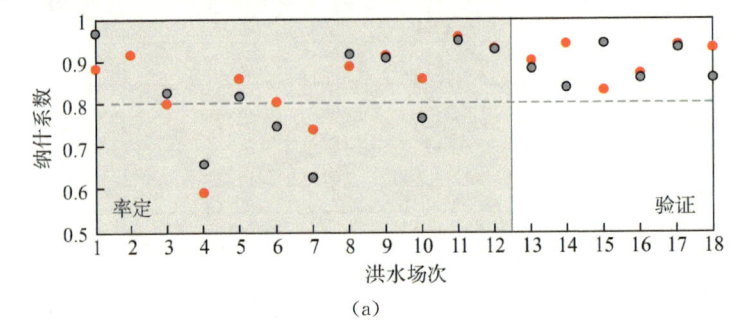

(a)

(b)

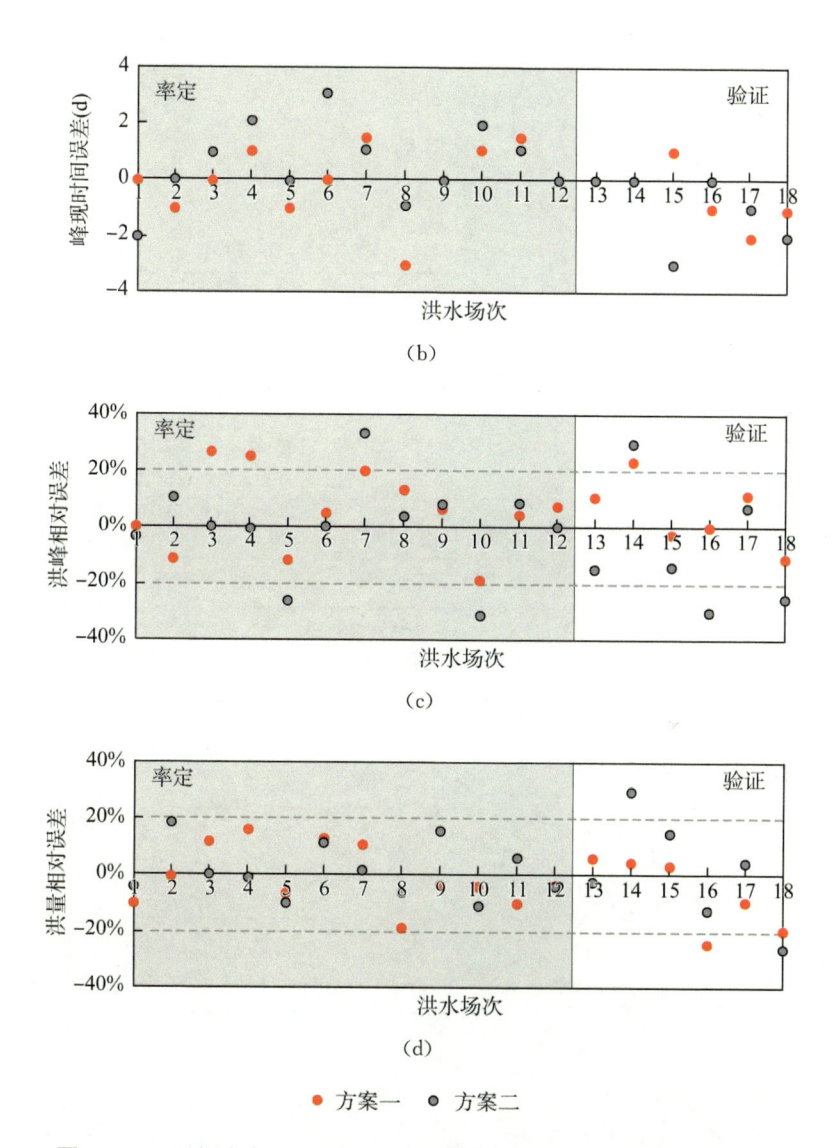

(c)

(d)

● 方案一　○ 方案二

图 9.1　不同集成方式下(方案一和方案二)的场次洪水预报精度对比

　　方案一与方案三的对比可以说明基于虚拟站法融合站点观测雨量和降水产品在集成方案中的作用。图 9.2 对比了方案一和方案三场次洪水的预报精度。从图 9.2(a)可见，纳什系数低于 0.8 的洪水，方案三共 5 场，分别为第 4、6、7、10 和 18 场，比方案一多 4 场。从图 9.2(c)可见，洪峰相对误差超过正负

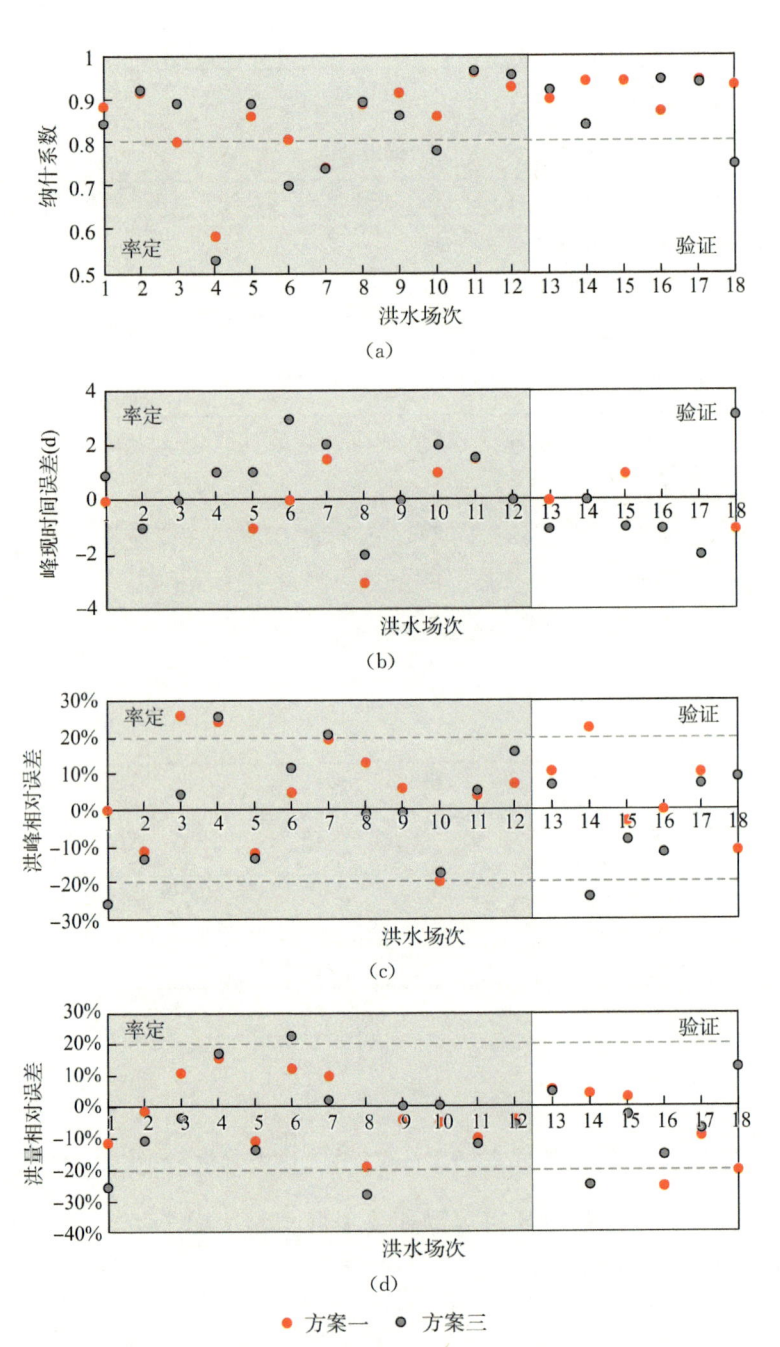

图 9.2　不同集成方式下(方案一和方案三)的场次洪水预报精度对比

20%的洪水,方案三共 3 场且相对误差均不超过 30%,与方案一表现相似。从图 9.2(d)可见,洪量相对误差超过正负 20%的洪水,方案三共 4 场,分别为第 1、6、8 和 14 场,比方案一多 3 场。综上可见,虽然方案一与方案三表现相近,但在纳什系数和洪量相对误差方面方案一的场次洪水预报合格率更高,表明基于虚拟站法融合站点观测雨量和降水产品得到的降雨估计更准确,能够更准确地预报洪水过程和洪量。

9.2　不同时效的洪水预报方案

9.2.1　预报方案设置

本书选取的降水产品的获取滞时从 0 h 到 12 h 不等,均能满足日尺度洪水预报需求,但洪水预报时效性不同。方案一至方案三中,方案一的洪水预报精度最高,因此本节不同时效的洪水预报方案在方案一的基础上设置,即集成第二章、第三章和第四章方法。本节依据多源降水产品的获取滞时,设置了三种具备不同时效性的洪水预报方案,区别在于,受产品获取滞时的限制,不同时效性的方案可选择的产品不同,如表 9.3 所示。

表 9.3　不同时效洪水预报方案可选产品汇总

预报方案	可选产品	驱动 M-C 的降雨数据
方案四 (无滞时)	PERSIANN-CCS、CMA、ECMWF、NCEP	PERSIANN-CCS CMA ECMWF NCEP 虚拟站法面雨量
方案五 (滞后 4 h)	GSMaP-N、GSMaP-GN、IMERG-E、PERSIANN-CCS、CMA、ECMWF、NCEP	GSMaP-GN CMA ECMWF 虚拟站法面雨量

续表

预报方案	可选产品	驱动 M-C 的降雨数据
方案一 （滞后 12 h）	GSMaP-N、GSMaP-GN、IMERG-E、IMERG-L、PERSIANN-CCS、CMA、ECMWF、NCEP	GSMaP-GN CMA ECMWF 虚拟站法面雨量

方案一的洪水预报基于 8 种可选择的产品（JMA 因在区域 A 缺测过多被去除），其中时效性最差的 IMERG-L 滞后 12 h，因此，方案一为滞后 12 h 洪水预报，其他滞时的方案具体如下：

方案四：无滞时洪水预报

可选择的产品共 4 种，分别为 PERSIANN-CCS、CMA、ECMWF 和 NCEP。

①选择驱动 M-C 的多源降水产品。量化每个产品组合的融合潜力，设 $PMOI$ 的权重为 0.6，其中组合中至少包含 2 种产品，最多包含 4 种产品。融合潜力最高的产品组合为 PERSIANN-CCS、CMA、ECMWF 和 NCEP，并计算每种产品估计的流域平均面雨量。

②计算虚拟站法面雨量。首先，基于根据融合潜力选择驱动虚拟站法的多源降水产品，由于虚拟站法中包含随机森林法，所以设 $PMOI$ 的权重为 0.7，融合潜力最高的产品组合为 PERSIANN-CCS、CMA、ECMWF 和 NCEP。其次，基于虚拟站点法融合站点实测雨量和多源降水产品，并计算流域平均面雨量。

③以 PERSIANN-CCS、CMA、ECMWF、NCEP 和虚拟站法面雨量驱动 M-C。

方案五：滞后 4 h 洪水预报

可选择的产品共 7 种，分别为 GSMaP-N、GSMaP-GN、IMERG-E、PERSIANN-CCS、CMA、ECMWF 和 NCEP。

①选择驱动 M-C 的多源降水产品。量化每个产品组合的融合潜力，设 $PMOI$ 的权重为 0.6，其中组合中至少包含 2 种产品，最多包含 7 种产品。融合潜力最高的产品组合为 GSMaP-GN、CMA 和 ECMWF，与方案一一致，并计算每种产品估计的流域平均面雨量。

②计算虚拟站法面雨量。首先,基于根据融合潜力选择驱动虚拟站法的多源降水产品,由于虚拟站法中包含随机森林法,所以设 PMOI 的权重为 0.7,融合潜力最高的产品组合为 GSMaP-GN、IMERG-E、CMA 和 ECMWF,与方案一的降雨不同之处在于缺少 IMERG-L。其次,基于虚拟站点法融合站点实测雨量和多源降水产品,并计算流域平均面雨量。

③以 GSMaP-GN、CMA、ECMWF 和虚拟站法估计面雨量驱动 M-C。

9.2.2 预报结果分析

分别率定和验证不同时效洪水预报方案的水文模型参数。表 9.4 展示了不同时效洪水预报方案在率定期和验证期的洪水预报精度,精度评价指标与前述章节保持一致。综合率定期和验证期的综合精度指标 RMD 可见,洪水预报精度从劣至优的顺序为方案四、方案五、方案一,即滞后时间越长、可选产品越多、洪水预报精度越高,但各方案之间的差距较小。方案四的时效性最好,率定期和验证期洪水预报 RMD 分别为 0.92 和 0.87,略低于另外两方案的 0.95~0.96。具体体现为,方案四的纳什系数和峰现时间误差轻微劣于方案五和方案一;洪峰相对误差在率定期与方案五和方案一相近,而在验证期劣于另外两方案;差距较大的是洪量相对误差,率定期和验证期方案四分别为 12.06% 和 17.19%,另外两方案为 7.51%~11.24%。与方案一相比,方案五可提前 8 h 得到预报结果,且洪水预报精度与方案一十分相近,尤其在洪峰相对误差、洪量相对误差和综合指标方面相近,仅在纳什系数和峰现时间误差方面存在细微差距。

表 9.4 不同时效洪水预报方案的整体洪水预报精度

阶段	评价指标	方案四(无滞时)	方案五(滞后 4 h)	方案一(滞后 12 h)
率定	纳什系数 NSE_{all}	0.85	0.90	0.87
	峰现时间误差 $EPT_{平均}$(d)	1.3	1.1	0.8
	洪峰相对误差 $RFP_{平均}$(%)	12.92	11.20	11.57
	洪量相对误差 $RFW_{平均}$(%)	12.06	8.62	9.23
	综合精度指标 RMD	**0.92**	**0.95**	**0.95**

续表

阶段	评价指标	方案四(无滞时)	方案五(滞后 4 h)	方案一(滞后 12 h)
验证	纳什系数 NSE_{all}	0.86	0.89	0.93
	峰现时间误差 $EPT_{平均}$(d)	1.8	1.5	0.8
	洪峰相对误差 $RFP_{平均}$(%)	12.27	8.15	9.75
	洪量相对误差 $RFW_{平均}$(%)	17.19	7.51	11.24
	综合精度指标 RMD	**0.87**	**0.95**	**0.96**

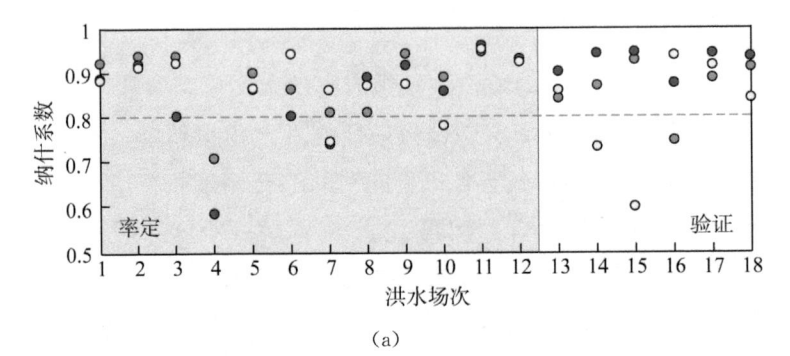

(a)

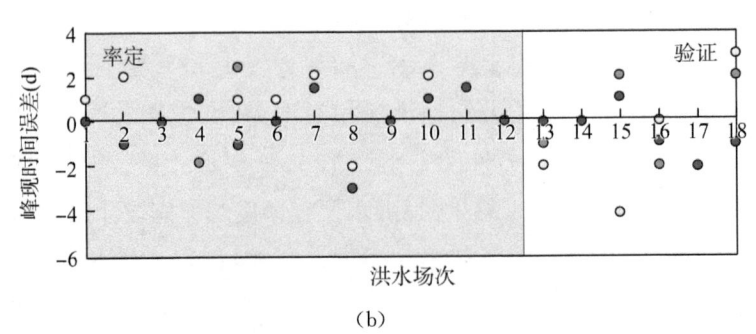

(b)

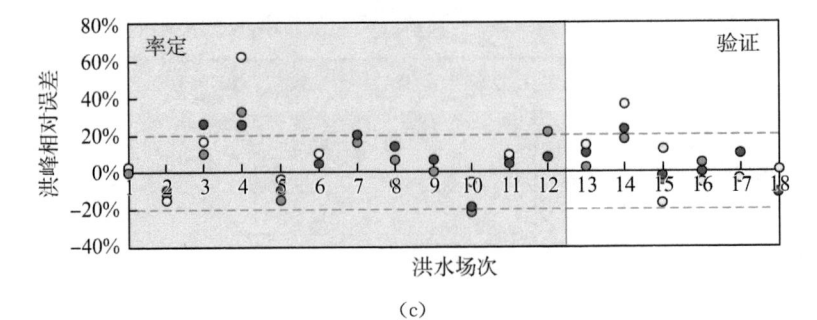

(c)

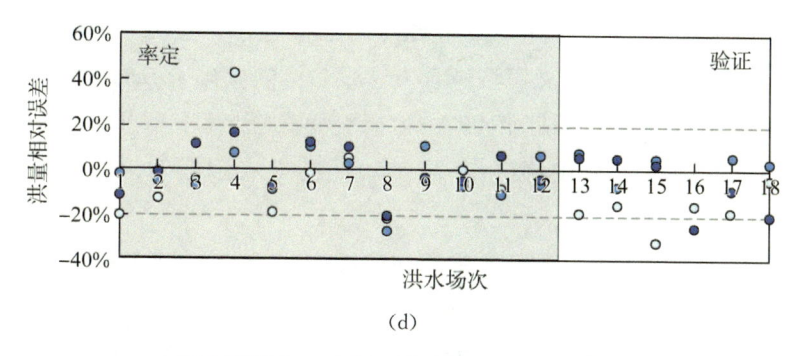

(d)

○ 方案四(无滞时)　● 方案五(滞后4 h)　● 方案一(滞后12 h)

图 9.3　不同时效洪水预报方案的场次洪水预报精度

图 9.3 展示了方案四(无滞时)、方案五(滞后 4 h)和方案一(滞后 12 h)的场次洪水预报精度。从图 9.3(a)可见,纳什系数低于 0.8 的洪水,无滞时的方案四共 4 场,比方案五和方案一多 2 场。从图 9.3(b)可见,不同时效洪水预报方案的峰现时间误差表现相近。从图 9.3(c)可见,洪峰相对误差超过正负 20% 的洪水,方案四 2 场,方案五 2 场,方案一 3 场,且均为高估洪峰,偏安全,方案四的第 4 场和第 14 场洪水高估洪峰明显,分别为 62% 和 36%,方案五的第 4 场和第 12 场洪水分别高估洪峰 32% 和 22%,方案一高估洪峰不超过 26%。从图 9.3(d)可见,洪量相对误差超过正负 20% 的洪水,方案四分别为第 4 场和第 15 场洪水,方案五为第 8 场,方案一为第 16 场。从各场次洪水预报精度亦可见,无滞时的方案四轻微劣于另外两方案,而滞后 4 h 的方案五和滞后 12 h 的方案一表现相似。因此,综合洪水预报的时效和精度,相比于方案一,更推荐在雨量站稀疏地区采用滞后 4 h 的方案五;若对预报时效需求更高,无滞时的方案四亦可用于雨量站稀疏地区洪水预报。

9.3　本章小结

本章针对雨量站稀疏地区的洪水预报,在第二章提出的融合潜力量化方法、第三章提出的基于虚拟站点的多源降雨数据融合方法和第四章提出的动态约束下的多源降雨与水文模型耦合方法(M-C)的基础上,通过调整 M-C 的多源降雨输入,设置多种洪水预报方案,探究第二章、第三章和第四章提出的方法的最优集成应用方式,分析不同时效性的洪水预报效果。并得出以下结论:

(1)方案一(集成第二章、第三章和第四章)、方案二(集成第三章和第四章)和方案三(集成第二章和第四章)的整体洪水预报结果对比表明,方案一洪水预报精度最优。场次洪水预报结果对比表明,相比于方案二,方案一在洪峰相对误差方面合格率更高,表明融合潜力最优的多源产品形成的校正约束能够更准确地预报洪峰;相比于方案三,方案一在洪量相对误差方面合格率更高,表明基于虚拟站法融合站点观测雨量和降水产品得到更准确的降雨估计能够更准确地预报洪量。

(2)方案四(无滞时)、方案五(滞后 4 h)和方案一(滞后 12 h)的洪水预报结果表明,滞后时间越长、可选产品越多,洪水预报精度越高,但各方案之间的差距较小。无滞时的方案四轻微劣于另外两方案,滞后 4 h 的方案五和滞后 12 h 的方案一表现相似。因此,综合洪水预报的时效和精度,相比于方案一,更推荐在雨量站稀疏地区采用滞后 4 h 的方案五;若对预报时效需求更高,无滞时的方案四亦可用于雨量站稀疏地区洪水预报。

10 结论与展望

精准及时的降雨径流预报能有效降低洪水风险和防洪难度,然而我国部分流域由于经济发展缓慢、地理位置偏远或地形地势复杂等客观因素,雨量站密度远低于世界气象组织建议值甚至未布设雨量站,严重阻碍了该类地区洪水预报工作的开展。随着卫星遥感等技术的发展,大量可覆盖全球的无/短滞时降水产品涌现,为缺降雨资料地区洪水预报提供了新途径。但无/短滞时降水产品种类繁多且误差显著,因此降水产品的选用、降雨精度的提高以及降水产品与洪水预报的耦合是解决降水产品驱动的缺资料地区洪水预报的核心。针对上述问题,本书从多源降水产品融合潜力的量化、多源降雨数据融合、多源降雨与水文模型的耦合三方面开展研究,以期为我国空天地一体化防洪减灾提供技术支持。本书主要研究结论如下:

(1)为在降水产品定量评价中兼顾多源产品的准确性和误差多样性,本书指出了多源产品形成的动态区间的宽度 RB 和实测降雨覆盖度 PMOI 的重要意义,在此基础上提出了以降水产品组为评价对象的多源降水产品融合潜力量化方法。研究结果表明,采用本方法选择产品,产品数量相同的条件下,融合潜力最优的组合中产品来源多样且精度较高,最劣的组合中产品来源单一且精度较低,表明本方法能在选择产品时兼顾产品的准确性和多样性;RB 和 PMOI 竞争明显,当侧重 RB 时,最优组合中产品来源相似且数量少,当侧重 PMOI 时,最优组合中产品来源多样且数量多,当确定侧重对象后,权重对融合潜力优劣排序、最优产品组融合潜力的影响较弱;采用 4 种降雨融合模型验证融合潜力量化方法的有效性,融合潜力与融合后降雨精度的相关性显著,本方法选择的产品组合融合后降雨精度与理论最优精度相差不足 1%,与传统单产品精度评价指标相比,本方法可有效预判产品组合的优劣;当 PMOI 的权重 ω 为 0.6~0.7 时,本方法的有效性最高,当待采用的降雨融合模型的抗干扰能力较强时,ω可趋于0.7,当待采用的降雨融合模型的抗干扰能力较弱时,ω可趋于0.6。

(2) 为利用降水产品改进稀疏站点插值的降雨精度,本书提出了基于虚拟站点的多源降雨数据融合方法,针对不同降雨场的空间特征动态调整降水产品的利用程度,称利用了降水产品定量估计的格点为虚拟站点。虚拟站法框架中的基础方法包含逐网格融合方法和空间插值方法。研究结果表明,当站点密度为3 250 km²/站时,虚拟站法较其基础方法精度提高7%~11%,较其输入产品精度提高32%~166%。对于不同降雨场,虚拟站法可根据雨量站网对该降雨场的观测能力自适应地调整虚拟站点的位置和数量,从而既能补充降雨空间信息又能减少产品误差干扰的引入。对于不同站点密度,虚拟站法均优于其基础方法,而逐网格降雨融合方法仅在站点稀疏条件下较优,站点雨量空间插值方法仅在站点密集条件下较优。对于雨量站稀疏地区的水文效用,虚拟站法估计面雨量的洪水预报精度更优、场次洪水预报合格率更高,但仍存在部分场次洪水预报精度偏低的情况。

(3) 为深入耦合多源降雨和洪水预报校正从而控制输入不确定性,本书提出了动态约束下的多源降雨与水文模型的耦合方法(M-C),以实时观测流量线性校正产流,同时以多源降水产品形成的动态区间约束校正的波动性。研究结果表明,本方法在率定期和验证期的纳什系数分别为0.87和0.88,模型参数可靠且洪水预报精度较高。而在对比方案中,扰动单产品作为约束的校正方案对洪峰的预报精度不稳定;单产品驱动的无约束校正方案洪水预报局部波动显著,存在过拟合现象;单产品驱动的无校正方案精度最差,分别表明了多源产品、约束和校正对缺降雨资料地区洪水预报的重要性。基于本方法在7个无雨量站流域开展洪水预报,纳什系数率定期为0.74~0.92,验证期为0.70~0.88,表明本方法适用于不同流域。不同降水产品输入可显著影响本方法的洪水预报精度,洪水预报精度高的多源降水产品组须满足降水产品形成的动态区间对实测降雨的覆盖度高且宽度小,同时覆盖度略重要于宽度等条件。若依据融合潜力选择降水产品组合可进一步提高本方法的洪水预报精度。

(4) 为提高雨量站稀疏地区的洪水预报精度,M-C的驱动数据可选用融合潜力最高的多源降水产品，也可选用基于虚拟站法的融合后降雨。本书为探究第二章、第三章和第四章提出的三个创新方法的最优集成利用方式，通过调整驱动 M-C 的多源降雨数据设置了三种洪水预报方案，多方案对比表明，集成了三个创新方法的洪水预报方案的精度最优，融合潜力最优的多源产品形成的校正约束能够更准确地预报洪峰，基于虚拟站法的融合后降雨能够更准确地预报洪量。此外，本书选取的 9 种无/短滞时的降水产品时效性不同，据此在最优集成方案的基础上设置了三种具备不同时效性的洪水预报方案，多方案对比表明，滞后时间越长、可选产品越多，洪水预报精度越高，但各方案之间的差距不大，综合洪水预报的时效和精度，更推荐在雨量站稀疏地区采用滞后 4 h 的洪水预报校正方案，若对预报时效需求更高，无滞时的方案亦可用于雨量站稀疏地区洪水预报。

限于实际条件和时间精力，本书所做工作有限，仍需在今后的工作中进一步完善如下方面：

（1）采用我国最新研发的降水产品开展洪水预报研究。我国自主研发的 GPM 卫星风云 3G 于 2023 年 4 月 16 日发射升空，意味着中国的卫星遥感降水技术已追上国际先进水平。待基于该卫星反演的无/短滞时降水产品历史序列能够满足水文模型率定的资料需求后，将开展该降水产品的性质分析、降雨改进和水文应用方面的研究工作。

（2）进一步融合多模态测雨信息提高降雨估计的时空分辨率。本书的无/短滞时降雨数据涉及地面站点实测降雨、数值模式降雨预报以及卫星遥感降水产品，受现有资料限制，雷达、众包、视频等多模态测雨信息未被纳入研究范畴。上述测雨信息虽覆盖范围有限，但时效性好、时空分辨率高，后续研究可在本书研究的基础上融入新型多模态测雨信息，从而提高降雨估计的时空分辨率。

（3）结合分布式水文模型和机器学习方法开展缺资料地区洪水预报。受数据量限制，本书提出的缺降雨资料洪水预报方法主要针对集总式水文模型，产流校正方式和校正系数外推方式均相对简单。后续工作中，为充分考虑人类活动和季节性冻土对流域产汇流的影响，可采用分布式水文模型预报洪水；分布式水文模型涉及变量众多，可采用擅于解决多变量、非线性问题的机器学习方法开展缺资料地区智能洪水预报。

参考文献

[1] 张驰. 什么是水利?[M]. 大连：大连理工大学出版社，2021.

[2] 吴立. 江汉平原中全新世古洪水事件环境考古研究[D]. 南京：南京大学，2013.

[3]《中国水旱灾害防御公报》编写组.《中国水旱灾害防御公报 2021》概要[J]. 中国防汛抗旱，2022，32(9)：38-45.

[4] 万新宇,王光谦. 近60年中国典型洪水灾害与防洪减灾对策[J]. 人民黄河，2011，33(8)：1-4.

[5] 史碧娇. 太原市洪水灾害防御存在问题及对策[J]. 河南水利与南水北调，2022，51(12)：18-19.

[6] 刘春腊,马丽,刘卫东. 洪水灾害社会经济损失评估方法研究述评[J]. 灾害学. 2014，29(2)：136-141.

[7] 大连理工大学,国家防汛抗旱总指挥部办公室. 水库防洪预报调度方法及应用[M]. 北京：中国水利水电出版社，1996.

[8] 中华人民共和国水利部,中华人民共和国国家统计局. 第一次全国水利普查公报[J]. 中华人民共和国水利部公报，2013(2)：53-57.

[9] 吕娟,张大伟. 智慧防洪对水利业务模型的功能需求与技术实现构想[J]. 中国水利，2022(8)：65-66.

[10] 张建云. 中国水文预报技术发展的回顾与思考[J]. 水科学进展，2010，21(4)：435-443.

[11] 梁家志,刘志雨. 中国水文情报预报的现状及展望[J]. 水文，2006(3)：57-59+80.

[12] 张继国,谢平,龚艳冰,等. 降雨信息空间插值研究评述与展望[J]. 水资源与水工程学报，2012，23(1)：6-9+13.

[13] 水利部水文局,长江水利委员会水文局. 水文情报预报技术手册[M]. 北京：中国水利水电出版社，2010.

[14] RODDA J C. Guide to Hydrological Practices[J]. Hydrological Sciences Journal, 2011, 56(1): 196-197.

[15] 黄艳艳. 融合遥感信息的水文站网优化布局方法研究——以雨量站和墒情站为例[D]. 北京: 中国水利水电科学研究院, 2020.

[16] 张金男. 嫩江—石灰窑以上流域洪水预报研究[D]. 大连: 大连理工大学, 2019.

[17] 唐国强. 卫星遥感降水在全球及典型区域的检验、应用和改进[D]. 北京: 清华大学, 2019.

[18] 唐晓文. 基于 THORPEX 计划的天气可预报性研究[D]. 南京: 南京大学, 2014.

[19] CHARNEY J G, PHILLIPS N A. Numerical integration of the quasi-geostrophic equations for barotropic and simple baroclinic flows[J]. Journal of Meteorology, 1953, 10(2): 71-99.

[20] BOUGEAULT P, TOTH Z, BISHOP C, et al. The THORPEX interactive grand global ensemble[J]. Bulletin of the American Meteorological Society, 2010, 91(8): 1059-1072.

[21] SWINBANK R, KYOUDA M, BUCHANAN P, et al. The TIGGE project and its achievements[J]. Bulletin of the American Meteorological Society, 2016, 97(1): 49-67.

[22] HUFFMAN G J, ADLER R F, BOLVIN D T, et al. The TRMM multisatellite precipitation analysis (TMPA): Quasi-global, multi-year, combined-sensor precipitation estimates at fine scales[J]. Journal of Hydrometeorology, 2007, 8(1): 38-55.

[23] Hou A Y, Kakar R K, Neeck S, et al. The Global Precipitation Measurement Mission[J]. Bulletin of the American Meteorological Society, 2013, 95(5): 701-722.

[24] KIRSCHBAUM D B, HUFFMAN G J, ADLER R F, et al. NASA's remotely sensed precipitation: A reservoir for applications users[J]. Bulletin of the American Meteorological Society, 2017, 98(6): 1169-

1184.

[25] TAPIADOR F J, TURK F J, PETERSEN W, et al. Global precipitation measurement: Methods, datasets and applications[J]. Atmospheric Research, 2012, 104-105: 70-97.

[26] MICHAELIDES S, LEVIZZANI V, ANAGNOSTOU E, et al. Precipitation: Measurement, remote sensing, climatology and modeling [J]. Atmospheric Research, 2009, 94(4): 512-533.

[27] ZHAO H G, YANG B G, YANG S T, et al. Systematical estimation of GPM-based global satellite mapping of precipitation products over China[J]. Atmospheric Research, 2018, 201: 206-217.

[28] NAVARRO A, GARCIA-ORTEGA E, MERINO A, et al. Assessment of IMERG precipitation estimates over Europe[J]. Remote Sensing, 2019, 11(21): 2470.

[29] MAHMOUD M T, HAMOUDA M A, MOHAMED M M. Spatiotemporal evaluation of the GPM satellite precipitation products over the United Arab Emirates[J]. Atmospheric Research, 2019, 219: 200-212.

[30] AMINYAVARI S, SAGHAFIAN B, SHARIFI E. Assessment of precipitation estimation from the NWP models and satellite products for the spring 2019 severe floods in Iran[J]. Remote Sensing, 2019, 11(23): 2741.

[31] LORENZ E N. Low-order models of atmospheric circulations[J]. Journal of the Meteorological Society of Japan, 1982, 60(1): 255-267.

[32] 郭瑞芳,刘元波. 多传感器联合反演高分辨率降水方法综述[J]. 地球科学进展, 2015, 30(8): 891-903.

[33] KUBOTA T, AONASHI K, USHIO T, et al. Global satellite mapping of precipitation (GSMaP) products in the GPM era[M]. Advances in Global Change Research, 2020.

[34] HUFFMAN G J, BOLVIN D T, BRAITHWAITE D, et al. NASA global precipitation measurement (GPM) integrated multi-satellite retrievals for GPM (IMERG)[R]. National Aeronautics and Space Administration, 2018.

[35] HONG Y, HSU K, SOROOSHIAN S, et al. Precipitation estimation from remotely sensed imagery using an artificial neural network cloud classification system[J]. Journal of Applied Meteorology, 2004, 43(12): 1834-1853.

[36] NGUYEN P, OMBADI M, GOROOH V A, et al. PERSIANN dynamic infrared-rain rate (PDIR-Now): A near-real-time, quasi-global satellite precipitation dataset[J]. Journal of Hydrometeorology, 2020, 21(12): 2893-2906.

[37] JOYCE R J, JANOWIAK J E, ARKIN P A, et al. CMORPH: A method that produces global precipitation estimates from passive microwave and infrared data at high spatial and temporal resolution[J]. Journal of Hydrometeorology, 2004, 5(3): 487-503.

[38] MAGGIONI V, MEYERS P C, ROBINSON M D, MONIQUE D R. A review of merged high-resolution satellite precipitation product accuracy during the tropical rainfall measuring mission (TRMM) era [J]. Journal of Hydrometeorology, 2016, 17(4): 1101-1117.

[39] TURK F J, ARKIN P, EBERT E E, et al. Evaluating high-resolution precipitation products[J]. Bulletin of the American meteorological Society, 2008, 89(12): 1911-1916.

[40] 张颖. 降水集合预报的检验分析及在洪水预报中的应用研究[D]. 武汉: 华中科技大学, 2019.

[41] 何超禄, 吕海深, 朱永华, 等. TIGGE 降水预报在中国干旱半干旱地区的适用性评估[J]. 干旱区研究, 2022, 39(2): 368-378.

[42] 舒章康, 汪琳, 金君良, 等. TIGGE 多模式降水预报产品检验与集成研究[J]. 水利水运工程学报, 2021(2): 10-19.

[43] SAGAR S K, RAJEEVAN M, RAO S, et al. Prediction skill of rain-

storm events over India in the TIGGE weather prediction models[J]. Atmospheric Research, 2017, 198: 194-204.

[44] PAPPENBERGER F, BARTHOLMES J, THIELEN J, et al. New dimensions in early flood warning across the globe using grand-ensemble weather predictions[J]. Geophysical Research Letters, 2008, 35(10): L10404.

[45] HSU J, HUANG W R, LIU P Y. Comprehensive analysis of PERSIANN products in studying the precipitation variations over Luzon[J]. Remote Sensing, 2022, 14(22): 5900.

[46] QIU C, DING L D, ZHANG L, et al. Quantitative characteristics of the current multi-source precipitation products over Zhejiang province, in Summer, 2019[J]. Water, 2021, 13(3): 334.

[47] GAO Z, HUANG B S, MA Z Q, et al. Comprehensive comparisons of state-of-the-art gridded precipitation estimates for hydrological applications over southern China[J]. Remote Sensing, 2020, 12(23): 3997.

[48] SHI J Y, WANG B, WANG G Q, et al. Are the latest GSMaP satellite precipitation products feasible for daily and hourly discharge simulations in the Yellow River source region? [J]. Remote Sensing, 2021, 13(21): 4199.

[49] LU D K, YONG B. A preliminary assessment of the gauge-adjusted near-real-time GSMaP precipitation estimate over mainland China[J]. Remote Sensing, 2020, 12(1): 141.

[50] SUNGMIN O, FOELSCHE U, KIRCHENGAST G, et al. Evaluation of GPM IMERG Early, Late, and Final rainfall estimates using WegenerNet gauge data in southeastern Austria[J]. Hydrology and Earth System Sciences, 2017, 21(12): 6559-6572.

[51] JIANG L G, BAUER-GOTTWEIN P. How do GPM IMERG precipitation estimates perform as hydrological model forcing? Evaluation

for 300 catchments across Mainland China[J]. Journal of Hydrology, 2019, 572: 486-500.

[52] CHEN H Q, YONG B, SHEN Y, et al. Comparison analysis of six purely satellite-derived global precipitation estimates[J]. Journal of Hydrology, 2020, 581: 124376.

[53] LIU S N, WANG J, WANG H J. Assessing 10 Satellite Precipitation Products in Capturing the July 2021 Extreme Heavy Rain in Henan, China[J]. Journal of Meteorological Research, 2022, 36(5): 798-808.

[54] ZHANG X X, ANAGNOSTOU E N, SCHWARTZ C S. NWP-Based Adjustment of IMERG Precipitation for Flood-Inducing Complex Terrain Storms: Evaluation over CONUS[J]. Remote Sensing, 2018, 10(4): 642.

[55] 熊立华,刘成凯,陈石磊,等. 遥感降水资料后处理研究综述[J]. 水科学进展, 2021, 32(4): 627-637.

[56] CHANG X W, PAIGE C C. Euclidean distances and least squares problems for a given set of vectors[J]. Applied Numerical Mathematics, 2007, 57(11-12): 1240-1244.

[57] TAYLOR K E. Summarizing multiple aspects of model performance in a single diagram[J]. Journal of Geophysical Research, 2001, 106(D7): 7183-7192.

[58] ROEBBER P J. Visualizing multiple measures of forecast quality[J]. Weather and Forecasting, 2009, 24(2): 601-608.

[59] TANG G Q, CLARK M P, PAPALEXIOU S M, et al. Have satellite precipitation products improved over last two decades? A comprehensive comparison of GPM IMERG with nine satellite and reanalysis datasets[J]. Remote Sensing of Environment, 2020, 240: 111697.

[60] STOFFELEN A. Toward the true near-surface wind speed: Error modeling and calibration using triple collocation[J]. Journal of Geo-

physical Research-Oceans, 1998, 103(C4): 7755-7766.

[61] ALEMOHAMMAD S H, MCCOLL K A, KONINGS A G, et al. Characterization of precipitation product errors across the United States using multiplicative triple collocation[J]. Hydrology and Earth System Sciences, 2015, 19(8): 3489-3503.

[62] MCCOLL K A, VOGELZANG J, KONINGS A G, et al. Extended triple collocation: Estimating errors and correlation coefficients with respect to an unknown target[J]. Geophysical Research Letters, 2014, 41(17): 6229-6236.

[63] ROEBELING R A, WOLTERS E, MEIRINK J F, et al. Triple Collocation of Summer Precipitation Retrievals from SEVIRI over Europe with Gridded Rain Gauge and Weather Radar Data[J]. Journal of Hydrometeorology, 2012, 13(5): 1552-1566.

[64] ZHANG L, XIN Z H, ZHOU H C. Assessment of TMPA 3B42V7 and PERSIANN-CDR in driving hydrological modeling in a semi-humid watershed in northeastern China[J]. Remote Sensing, 2020, 12(19): 3133.

[65] HUFFMAN G J, ADLER R F, ARKIN P, et al. The Global Precipitation Climatology Project (GPCP) combined precipitation dataset[J]. Bulletin of the American Meteorological Society, 1997, 78(1): 5-20.

[66] VERNIMMEN R, HOOIJER A, MAMENUN, et al. Evaluation and bias correction of satellite rainfall data for drought monitoring in Indonesia[J]. Hydrology and Earth System Sciences, 2012, 16(1): 133-146.

[67] CHEN H Q, YONG B, GOURLEY J J, et al. A novel real-time error adjustment method with considering four factors for correcting hourly multi-Satellite precipitation estimates[J]. IEEE Transactions on Geoscience and Remote Sensing, 2022, 60: 4105211.

[68] THEMESSL M J, GOBIET A, HEINRICH G. Empirical-statistical downscaling and error correction of regional climate models and its impact on the climate change signal[J]. Climatic Change, 2012, 112(2): 449-468.

[69] JOHNSON F, SHARMA A. Accounting for interannual variability: A comparison of options for water resources climate change impact assessments[J]. Water Resources Research, 2011, 47(4): W04508.

[70] CHAO L J, ZHANG K, LI Z J, et al. Geographically weighted regression based methods for merging satellite and gauge precipitation[J]. Journal of Hydrology, 2018, 558: 275-289.

[71] CHEN Y Y, HUANG J F, SHENG S X, et al. A new downscaling-integration framework for high-resolution monthly precipitation estimates: Combining rain gauge observations, satellite-derived precipitation data and geographical ancillary data[J]. Remote Sensing of Environment, 2018, 214: 154-172.

[72] BAI X Y, WU X Q, WANG P. Blending long-term satellite-based precipitation data with gauge observations for drought monitoring: Considering effects of different gauge densities[J]. Journal of Hydrology, 2019, 577: 124007.

[73] GUMINDOGA W, RIENTJES T, HAILE A T, et al. Performance of bias-correction schemes for CMORPH rainfall estimates in the Zambezi River basin[J]. Hydrology and Earth System Sciences, 2019, 23(7): 2915-2938.

[74] ZHANG Y H, YE A Z, NGUYEN P, et al. QRF4P-NRT: Probabilistic post-processing of near-real-time satellite precipitation estimates using quantile regression forests[J]. Water Resources Research, 2022, 58(5): e2022WR032117.

[75] LU X Y, TANG G Q, WANG X Q, et al. Correcting GPM IMERG precipitation data over the Tianshan Mountains in China[J]. Journal

of Hydrology, 2019, 575: 1239-1252.

[76] TANG X, YIN Z R, QIN G H, et al. Integration of satellite precipitation data and deep learning for improving flash flood simulation in a poor-gauged mountainous catchment[J]. Remote Sensing, 2021, 13(24): 5083.

[77] ROZANTE J R, MOREIRA D S, DE GONCALVES L, et al. Combining TRMM and surface observations of precipitation: Technique and validation over south America[J]. Weather and Forecasting, 2010, 25(3): 885-894.

[78] XIE P P, XIONG A Y. A conceptual model for constructing high-resolution gauge-satellite merged precipitation analyses[J]. Journal of Geophysical Research-Atmospheres, 2011, 116: D21106.

[79] WU Z Y, ZHANG Y L, SUN Z L, et al. Improvement of a combination of TMPA (or IMERG) and ground-based precipitation and application to a typical region of the East China Plain[J]. Science of the Total Environment, 2018, 640: 1165-1175.

[80] LI M, SHAO Q X. An improved statistical approach to merge satellite rainfall estimates and raingauge data[J]. Journal of Hydrology, 2010, 385(1-4): 51-64.

[81] YAN X, CHEN H, TIAN B R, et al. A downscaling-merging scheme for improving daily spatial precipitation estimates based on random forest and cokriging [J]. Remote Sensing, 2021, 13(11): 2040.

[82] BAEZ-VILLANUEVA O M, ZAMBRANO-BIGIARINI M, BECK H E, et al. RF-MEP: A novel Random Forest method for merging gridded precipitation products and ground-based measurements[J]. Remote Sensing of Environment, 2020, 239: 111606.

[83] CHEN S L, XIONG L H, MA Q M, et al. Improving daily spatial precipitation estimates by merging gauge observation with multiple

satellite-based precipitation products based on the geographically weighted ridge regression method[J]. Journal of Hydrology, 2020, 589: 125156.

[84] ZHANG L, LI X, ZHENG D H, et al. Merging multiple satellite-based precipitation products and gauge observations using a novel double machine learning approach[J]. Journal of Hydrology, 2021, 594: 125969.

[85] XIE P P, ARKIN P A. Global precipitation: A 17-year monthly analysis based on gauge observations, satellite estimates, and numerical model outputs[J]. Bulletin of the American Meteorological Society, 1997, 78(11): 2539-2558.

[86] BECK H E, WOOD E F, PAN M, et al. MSWEP V2 global 3-hourly 0.1° precipitation: methodology and quantitative assessment[J]. Bulletin of the American Meteorological Society, 2019, 100(3): 473-502.

[87] BECK H E, VAN DIJK A, LEVIZZANI V, et al. MSWEP: 3-hourly 0.25° global gridded precipitation (1979—2015) by merging gauge, satellite, and reanalysis data[J]. Hydrology and Earth System Sciences, 2017, 21(1): 589-615.

[88] ZHU S Y, MA Z Q, XU J T, et al. A morphology-based adaptively spatio-temporal merging algorithm for optimally combining multi-source gridded precipitation products with various resolutions[J]. IEEE Transactions on Geoscience and Remote Sensing, 2022, 60: 1-21.

[89] MA Y Z, HONG Y, CHEN Y, et al. Performance of optimally merged-multisatellite precipitation products using the dynamic Bayesian model averaging scheme over the tibetan plateau[J]. Journal of Geophysical Research-Atmospheres, 2018, 123(2): 814-834.

[90] HONG Z K, HAN Z Y, LI X Y, et al. Generation of an improved

precipitation dataset from multisource information over the tibetan plateau[J]. Journal of Hydrometeorology, 2021, 22(5): 1275-1295.

[91] NGUYEN G V, LE X H, VAN L N, et al. Application of random forest algorithm for merging multiple satellite precipitation products across south korea[J]. Remote Sensing, 2021, 13(20): 4033.

[92] TURLAPATY A C, ANANTHARAJ V G, YOUNAN N H, et al. Precipitation data fusion using vector space transformation and artificial neural networks[J]. Pattern Recognition Letters, 2010, 31(10): 1184-1200.

[93] WU H C, YANG Q L, LIU J M, et al. A spatiotemporal deep fusion model for merging satellite and gauge precipitation in China[J]. Journal of Hydrology, 2020, 584: 124664.

[94] WANG C G, TANG G Q, GENTINE P. PrecipGAN: Merging Microwave and Infrared Data for Satellite Precipitation Estimation Using Generative Adversarial Network[J]. Geophysical Research Letters, 2021, 48(5): e2020GL092032.

[95] SADEGHI M, NGUYEN P, HSU K L, et al. Improving near real-time precipitation estimation using a U-Net convolutional neural network and geographical information[J]. Environmental Modelling & Software, 2020, 134: 104856.

[96] MA Y Z, SUN X, CHEN H N, et al. A two-stage blending approach for merging multiple satellite precipitation estimates and rain gauge observations: an experiment in the northeastern Tibetan Plateau[J]. Hydrology and Earth System Sciences, 2021, 25(1): 359-374.

[97] WANG C G, TANG G Q, XIONG W T, et al. Infrared precipitation estimation using convolutional neural network for FengYun satellites[J]. Journal of Hydrology, 2021, 603: 127113.

[98] LYU F, TANG G Q, BEHRANGI A, et al. Precipitation merging based on the triple collocation method across mainland China[J].

IEEE Transactions on Geoscience and Remote Sensing, 2021, 59(4): 3161-3176.

[99] CHEN C, HE M N, CHEN Q W, et al. Triple collocation-based error estimation and data fusion of global gridded precipitation products over the Yangtze River basin[J]. Journal of Hydrology, 2022, 605: 127307.

[100] XU L, CHEN N C, MORADKHANI H, et al. Improving Global Monthly and Daily Precipitation Estimation by Fusing Gauge Observations, Remote Sensing, and Reanalysis Data Sets[J]. Water Resources Research, 2020, 56(3): e2019WR026444.

[101] MASSARI C, BROCCA L, MORAMARCO T, et al. Potential of soil moisture observations in flood modelling: Estimating initial conditions and correcting rainfall[J]. Advances in Water Resources, 2014, 74: 44-53.

[102] ROMAN-CASCON C, PELLARIN T, GIBON F, et al. Correcting satellite-based precipitation products through SMOS soil moisture data assimilation in two land-surface models of different complexity: API and SURFEX[J]. Remote Sensing of Environment, 2017, 200: 295-310.

[103] SI W, GUPTA H V, BAO W M, et al. Improved dynamic system response curve method for real-time flood forecast updating[J]. Water Resources Research, 2019, 55(9): 7493-7519.

[104] WU Z Y, ZHANG Y L, SUN Z L, et al. Improvement of a combination of TMPA (or IMERG) and ground-based precipitation and application to a typical region of the East China Plain[J]. Science of the Total Environment, 2018, 640: 1165-1175.

[105] FALCK A S, MAGGIONI V, TOMASELLA J, et al. Propagation of satellite precipitation uncertainties through a distributed hydrologic model: A case study in the Tocantins-Araguaia basin in Brazil[J].

Journal of Hydrology, 2015, 527: 943-957.

[106] SUN R C, YUAN H L, YANG Y Z. Using multiple satellite-gauge merged precipitation products ensemble for hydrologic uncertainty analysis over the Huaihe River basin[J]. Journal of Hydrology, 2018, 566: 406-420.

[107] 吴晨晨. 多源降雨信息评估及在洪水预报中的耦合利用研究[D]. 大连: 大连理工大学, 2020.

[108] YUAN F, WANG B, SHI C X, et al. Evaluation of hydrological utility of IMERG Final run V05 and TMPA 3B42V7 satellite precipitation products in the Yellow River source region, China[J]. Journal of Hydrology, 2018, 567: 696-711.

[109] CHIANG Y M, HSU K L, CHANG F J, et al. Merging multiple precipitation sources for flash flood forecasting[J]. Journal of Hydrology, 2007, 340(3-4): 183-196.

[110] BITEW M M, GEBREMICHAEL M. Evaluation of satellite rainfall products through hydrologic simulation in a fully distributed hydrologic model[J]. Water Resources Research, 2011, 47(6): W06526.

[111] JIANG S H, REN L L, HONG Y, et al. Comprehensive evaluation of multi-satellite precipitation products with a dense rain gauge network and optimally merging their simulated hydrological flows using the Bayesian model averaging method[J]. Journal of Hydrology, 2012, 452: 213-225.

[112] AKHTAR M K, CORZO G A, VAN ANDEL S J, et al. River flow forecasting with artificial neural networks using satellite observed precipitation pre-processed with flow length and travel time information: case study of the Ganges river basin[J]. Hydrology and Earth System Sciences, 2009, 13(9): 1607-1618.

[113] BONAKDARI H, ZAJI A H, BINNS A D, et al. Integrated Markov chains and uncertainty analysis techniques to more accurately forecast

floods using satellite signals[J]. Journal of Hydrology, 2019, 572: 75-95.

[114] KUMAR A, RAAJ R, BROCCA L, et al. A simple machine learning approach to model real-time streamflow using satellite inputs: Demonstration in a data scarce catchment[J]. Journal of Hydrology, 2021, 595: 126046.

[115] NANDA T, SAHOO B, BERIA H, et al. A wavelet-based non-linear autoregressive with exogenous inputs (WNARX) dynamic neural network model for real-time flood forecasting using satellite-based rainfall products[J]. Journal of Hydrology, 2016, 539: 57-73.

[116] JIANG S J, ZHENG Y, BABOVIC V, et al. A computer vision-based approach to fusing spatiotemporal data for hydrological modeling[J]. Journal of Hydrology, 2018, 567: 25-40.

[117] MENG S S, XIE X H, LIANG S L. Assimilation of soil moisture and streamflow observations to improve flood forecasting with considering runoff routing lags[J]. Journal of Hydrology, 2017, 550: 568-579.

[118] BROCCA L, MELONE F, MORAMARCO T, et al. Assimilation of observed soil moisture data in storm rainfall-runoff modeling[J]. Journal of Hydrologic Engineering, 2009, 14(2): 153-165.

[119] MASSARI C, BROCCA L, MORAMARCO T, et al. Potential of soil moisture observations in flood modelling: Estimating initial conditions and correcting rainfall[J]. Advances in Water Resources, 2014, 74: 44-53.

[120] CHEN F, CROW W T, RYU D. Dual forcing and state correction via soil moisture assimilation for improved rainfall-runoff modeling[J]. Journal of Hydrometeorology, 2014, 15(5): 1832-1848.

[121] MASSARI C, CAMICI S, CIABATTA L, et al. Exploiting satellite-based surface soil moisture for flood forecasting in the mediterranean area: State update versus rainfall correction[J]. Remote Sensing,

2018，10(2)：292.

[122] LEE H S，ZHANG Y，SEO D J，et al. Utilizing satellite precipitation estimates for streamflow forecasting via adjustment of mean field bias in precipitation data and assimilation of streamflow observations [J]. Journal of Hydrology，2015，529：779-794.

[123] 魏国振. 数据驱动洪水预报及预报调度方式研究[D]. 大连：大连理工大学，2019.

[124] SI W，BAO W M，GUPTA H V. Updating real-time flood forecasts via the dynamic system response curve method[J]. Water Resources Research，2015，51(7)：5128-5144.

[125] 赵琳娜，刘琳，刘莹，等. 观测降水概率不确定性对集合预报概率 Brier 技巧评分结果的分析[J]. 气象，2015，41(6)：685-694.

[126] 朱彦威，李雨嫣，康志明，等. 江苏省雷达降水估测集合分析[J]. 大气科学学报，2023，46(2)：310-320.

[127] ZHOU Y L，GUO S L，XU C Y，et al. Deriving joint optimal refill rules for cascade reservoirs with multi-objective evaluation[J]. Journal of Hydrology，2015，524：166-181.

[128] XIONG L H，WAN M，WEI X J，et al. Indices for assessing the prediction bounds of hydrological models and application by generalised likelihood uncertainty estimation[J]. Hydrological Sciences Journal，2009，54(5)：852-871.

[129] 周如瑞. 并联水库群防洪预报调度方式及其风险分析研究[D]. 大连：大连理工大学，2017.

[130] 张平. 考虑降雨不确定性的南欧江乏资料地区洪水预报方法研究[D]. 武汉：武汉大学，2017.

[131] 司伟，包为民，瞿思敏. 洪水预报产流误差的动态系统响应曲线修正方法[J]. 水科学进展，2013，24(4)：497-503.

[132] 盖尔·埃文森. 数据同化——集合卡尔曼滤波[M]. 刘厂，赵玉新，高峰，译. 北京：国防工业出版社，2017.

[133] ZHAO R J. The Xinanjiang model applied in China[J]. Journal of Hydrology, 1992, 135(1-4): 371-381.

[134] 徐宗学. 水文模型[M]. 北京：科学出版社, 2009.

[135] 包为民. 水文预报[M]. 3版. 北京：中国水利水电出版社, 2006.

[136] KENNEDY J, EBERHART R. Particle swarm optimization[M]. IEEE, 1995: 1942-1948.

[137] PRASAD A M, IVERSON L R, LIAW A. Newer classification and regression tree techniques: Bagging and random forests for ecological prediction[J]. Ecosystems, 2006, 9(2): 181-199.

[138] GRANGER C W J, RAMANATHAN R. Improved methods of combining forecasts[J]. Journal of Forecasting, 1984, 3(2): 197-204.

[139] BUNN D W. 2 methodologies for the linear combination of forecasts[J]. Journal of the Operational Research Society, 1981, 32(3): 213-222.